아들의 뇌

딸로 태어난 엄마들을 위한 아들 사용 설명서

아들의 뇌

Son's Brain

| 곽윤정 지음 |

포레스트북스

아들 때문에 속 터지는 엄마,
말 못 하는 억울한 아들

"도대체 왜 저러는지 이해할 수가 없어!", "어휴, 정말 원수가 따로 없다니까!"

아들 키우는 엄마들과 이야기를 나누다 보면 짜증이 가득한 푸념을 자연스럽게 듣게 됩니다. 나이가 아무리 어려도 아들은 키우기가 너무 힘들다는 말씀도 많이 하십니다. 아들들이 사고 친 이야기는 이렇습니다. 엄마가 잠깐 한눈판 사이에 집 안을 엉망진창으로 만들어 놓거나 몸을 날려서 팔, 다리가 부러지거나 혹은 누군가를 다치게 하기도 합니다. 심부름 하나를 시키면 엉뚱한 곳에 정신이 팔려서 까맣게 잊어버리고 게임이나 동영상에 정신이 뺏겨서 해야 할 일을 하지 않기도 합니다.

이런 사고를 치는 상대가 바로 나의 아들이기 때문에 어떻게든 고쳐주고 가르치려고 하다 보면 목소리가 커지고 화도 내게 됩니다. 특히 엄마들은 야단치고 달래고 속을 태우다가 '내가 뭔가 잘못했나? 내가 잘못 키웠나?'라는 자책까지 하면서 괴로워합니다.

　이 책을 쓰게 된 것은 바로 이런 이유에서입니다. 아들을 낳고 키우면서 가장 애쓰고 힘들었을 엄마들이 너무도 엉뚱하고 이해하지 못하는 아들의 행동 때문에 어찌할 바를 몰라 마음이 힘든 상황을 너무 자주 겪게 됩니다. 그런 엄마들을 위해 아들을 이해할 수 있는 양육서가 필요하겠다는 생각이 들었습니다.

　이런 고민은 동서고금을 막론하고 아들을 키우는 엄마들의 공통된 생각입니다. "도대체 아들은 왜 저런 행동을 할까?", "저 녀석 머릿속에서 무슨 일이 일어나고 있는 걸까?", 더 나아가 "아들을 잘 키우려면 어떻게 해야 할까?"라는 고민과 질문을 하게 됩니다. 이런 질문과 관련하여 남성과 여성의 뇌가 어떻게 다른지에 대한 연구는 오래전부터 이어져 오고 있습니다. 뇌는 인간의 사고, 행동, 정서를 관장하는 중앙통제장치에 해당하기 때문에 남성의 뇌를 이해한다면 아들의 사고, 행동, 정서를 이해하는 데 많은 도움이 될 것입니다.

　이 책은 아들의 뇌에서 어떤 일이 일어나고 있는지를 알아봄으로써 아들의 행동을 이해하고 파악하는 내용으로 구성되어 있습니다. 뇌에 대한 기초적인 지식, 연령과 발달 시기에 따라 아들의 뇌에서 어떤 일이 일어나고 있는지 주요한 특징들을 설명하고, 어떤 방법으로 양육하는 것이 좋을지에 대해서도 다루고 있습니다.

　남성의 뇌, 아들의 뇌에 관한 연구 자료들을 찾고 집필하면서 새롭게 깨닫게 된 점도 많습니다. 남성의 뇌가 가지는 특성 중 하나가 바로 언어와 관련된 능력이 여성에 비해 발달하지 못했다는 것인데요. 그렇다 보니 자신의 고통이나 아픔 등을 드러내지 못하고 혼자서 끙끙 앓다가 병이 나는 경우도 종종 목격하게 됩니다.

게다가 사회에서는 남성이 자신의 감정을 솔직하게 표현하면 '남자답지 못하다', '남자가 왜 그렇게 소심하고 나약하냐'라는 말을 알게 모르게 해왔습니다. 이러한 사회적 관습으로 인해 남성이, 그리고 우리의 아들이 속앓이를 해왔을 수도 있습니다. 이것을 증명하는 단적인 증거가 남자 청소년의 자살입니다. 이들은 여자 청소년에 비해 자살률이 높으며, 치명적인 자살 방법을 선택합니다. 여자 청소년에 비해 언어적인 표현이 서툰 남자 청소년들이 혼자 고민만 하다가 극단적인 선택을 하는 것이라 해석할 수 있습니다.

희망적인 점은 교육과 노력에 의해 뇌는 얼마든지 발달하고 변화할 수 있다는 것입니다. 아들의 뇌가 가지는 특성을 이해하고 아들의 뇌가 받아들일 수 있는 방법을 적용하면 얼마든지 아들의 언어적인 능력도 향상될 수 있습니다.

그러나 뇌의 발달은 상당히 천천히 때로는 더디게 발달한다는 점을 꼭 기억하세요. 다른 아이들과 비교하다 보면 조급한 마음이 들 수 있고, '우리 아들이 문제가 있는 것은 아닐까?'라고 의심하게 됩니다. 이때 아들을 자꾸 다그치거나 야단치면 이 세상에서 가장 소중한 엄마와 아들의 관계가 어그러질 수도 있는 것입니다. 때로는 자신의 감정과 기분을 들여다보고 표현하는 것이 서툰 아들을 위해서 엄마는 '감정 통역사'가 되어야 합니다. 여기에 더해 아들의 뇌가 가지는 특성을 객관적으로 이해한다면 아들과 원활한 소통을 할 수 있음은 물론이고 아들의 긍정적인 발달에도 도움이 될 수 있으리라 생각합니다.

이 책이 세상에 나오기까지 전적으로 도움을 주신 포레스트북스와 임나리 팀장님의 헌신에 감사드립니다. 그리고 저에게 끊임없는 애정과 사랑을 보내주시는 부모님, 그리고 언니 곽주영 님께 감사를 전합니다. 저의 가장 따뜻하고 든든한 지원군인 세인, 다인, 그리고 이현웅 선생님께도 사랑을 전합니다.

2021년 10월
곽윤정

| 차 례 |

2부 ― 유아기 아들의 뇌 다루기

3부 — 초등학생 우리 아들 잘 키우기

4부 — 풍랑 속에 휩싸인 사춘기 아들의 뇌

1부

부모가 모르는
아들의 뇌

Son's Brain

chapter
01

응답하라, 아들의 뇌

"아들, 엄마 말은 듣고 있는 거니?"

"너, 엄마가 아까 뭐라 그랬어?"

"대체 같은 얘기를 얼마나 더해야 되니?"

"그만해, 그만하라고 좀!"

"이놈의 자식을 그냥!"

어디서 많이 들어본 말이신가요? 아이가 말을 듣지 않는다고 처음부터 화를 내는 것은 아닙니다. 엄마를 무시하는 건가 싶어 기분이 나쁘지만 꾹 참아봅니다. 아이 감정을 읽으려고 무단히 애를 써봅니다.

'그래, 참을 인 자 세 번! 심호흡 열 번!'

마음을 굳건히 먹어보지만 작심 3분이 될 때가 많습니다. 점점 호흡이 가빠지고 목소리도 커집니다. 그러다 결국엔 "이놈의 자식, 이리 와!" 하며 버럭 고함을 지르고는 아이와 전쟁 아닌 전쟁을 치르죠. 내 아이가 아들이든 딸이든 크게 다르지 않습니다. 아이들은 언제나 부모와 부딪히며 성장하는 숙명이니까요.

그런데 얼마 전 딸 하나를 키우는 지인이 들려준 이야기가 흥미로웠습니다. 그분에게는 아들 셋을 키우는 올케가 있는데 그 집에 갈 때마다 늘 의아했다고 합니다. 아이들이 말을 듣지 않을 때마다 올케가 큰 목소리로 혼을 내더라는 것입니다. 그 모습이 낯설어서 '아니, 차분히 설명해도 될 것을, 저렇게까지 목소리 높여 혼낼 게 뭐람. 성격 참 까칠하네'라는 생각이 들었답니다. 딸 키우는 지인 눈에, 올케의 행동이 너무 과하고 거칠게 느껴졌던 것이죠. 때로는 시부모 앞에서조차 올케가 아이들에게 버럭 화를 내거나 말을 듣지 않는다고 등짝을 툭툭 치는 모습도 좋아보이지 않았다고 하더군요. 그러던 어느 명절, 올케가 몸이 아파 남자 조카 셋을 그 지인이 돌보게 됐답니다. 선뜻 아이를 봐주겠다고 하니 올케 분이 그러더래요.

"남자 애들 셋인데, 괜찮겠어요?"

지인 분은 '힘들 일이 뭐가 있겠어'라고 생각했답니다. 그런데 그분의 예상과는 달리, 아들 셋을 보는 일은 딸을 돌보는 일과 너무도 달랐다고 합니다. 아들 셋과 종일 씨름한 덕분에 다크서클이 쑥 내

려온 엄청나게 긴 하루를 보내게 됐고요. 가장 힘들었던 점은 아무리 설명을 해줘도 도무지 듣지 않는다는 것이었습니다. 그러다 보니 아이들을 맡은 지 30분도 채 안됐는데 목소리가 점점 커지면서 딸을 대할 때처럼 대화로 상황을 이해시켜주는 방식이 하나도 먹히지 않음을 실감했다고 합니다. 대화라는 것이 안 되는 기분, 말이 조금만 길어진다 싶으면 이미 그 자리에는 아무도 없고, 고래고래 소리를 질러야 한 번 들을까 말까 하는 상황이 계속 일어났던 것이죠. 그 일이 있고 난 뒤로 그분은 아들과 딸이 참 다르다는 생각과 함께 아들 키우는 엄마들을 무조건 존경하고 싶은 마음이 들었다고 합니다.

최근에 우연히 만난, 어느 아들을 둔 엄마도 제가 상담심리학 공부를 하고 있다는 동료의 소개를 듣자마자 기다렸다는 듯 아들에 관한 많은 이야기를 쏟아냈습니다. 그분의 아들은 초등학교 3학년 때까지만 해도 그런대로 엄마 말을 잘 듣는 편이었대요. 때로 엉뚱한 행동을 할 때도 있었지만 모두 이해 가능한 수준이었는데 초등학교 고학년이 되더니 말로만 듣던 사춘기 아이들의 행동을 보이기 시작했다고 합니다. 엄마 말에는 대답도 잘 안 하고, 점점 자기 방에 틀어박혀 지내는 시간이 길어지고, 엄마가 잔소리라도 할라 치면 버럭 성을 내는 바람에 그럴 때마다 매를 들고 싶은 마음을 간신히 참아오고 있다는 것이 주된 이야기였습니다.

또 엄마의 말에 따박따박 따지고 들며 말대답을 하거나 엄마를 은근히 무시하는 태도를 보여서 마음에 상처 입은 날도 많다고 하소연했습니다. 이분은 아들과 계속 대화를 시도해봤지만 마치 벽에 대고 자기 혼자 지껄이는 기분이라며 울상을 지으셨습니다. 앞으로 중학생이 되면 이 사춘기적 특성이 더욱 심해질 게 뻔한데, 자신이 어떻게 해야 할지 모르겠다며 한숨을 쉬었습니다. 내 배 아파 낳은 내 자식인데 도통 그 속을 모르겠다고 말씀하시는데, 저 또한 자녀를 키우는 입장에서 무척 공감했습니다.

물론 모두 똑같지는 않겠지요. 하지만 아들 가진 엄마들의 비슷한 고민이라는 생각이 듭니다. 아들은 여성인 엄마와 성별이 완전히 다르기 때문에 무슨 생각을 하는지 도무지 이해할 수 없는 기분이 들 수 있습니다. 딸의 경우에는 자신의 어린 시절을 떠올리며 '아, 나도 우리 딸 나이 때 그런 생각이 들었지'라는 깨달음과 함께 공감의 폭이 넓어집니다. 그러나 아들은 남자이기 때문에 여성인 엄마로서는 도저히 아들의 행동을 납득하기 어렵고 혼란스러우며 공감하기도 어렵습니다. 생물학적으로도 남녀가 다르듯이 정서적으로도 남녀의 성장이 다른 게 사실이니까요. 다양한 이유로 아들을 키우는 엄마는 아들이 커갈수록 부모 역할, 엄마 역할에 대해 미로에 갇힌 기분을 느끼게 됩니다. 그런데 다행스럽게도 여기 아들 속을 조금은 이해할 수 있는 힌트가 있습니다. 과학기술의 발달로 뇌를 관찰하고 연구하게 되면서 알게 된 최근의 연구 결과들이 부모 특히, 엄마가 아들을 이해하는 데 어느 정도 도움이 될 수 있는 이야기를 들려주고 있기 때문이죠. '복잡한 뇌라니!' 하며 재미없어 하실 수도 있겠지만, 우리가 날 때부터 갖고 태어나는 것들을 이해하게 되면 아들과의 관계가 훨씬 쉬워질 수 있습니다.

사실 뇌과학이 양육에 활용된 것은 비교적 최근의 일이에요. 뇌가 있기 때문에 생각하고 느끼고 판단하고 기억할 수 있다는 사실과 인간이 성장하면서 그에 따라 뇌의 상태와 구조도 다르게 변화하며, 아들과 딸이 다른 뇌의 발달 양상을 보인다는 사실이 밝혀진 지 불과 20여 년도 되지 않았거든요. 아들의 뇌와 딸의 뇌는 구조와 발달 양상이 너무도 다르기 때문에 엄마는 아들을 도저히 이해하기 어려울 수도 있습니다. 아들과 같은 사고 체계와 감정 상태를 겪어보지 못했기 때문이에요. 아들을 무조건적으로 이해하려고 하거나 아들과 부딪히는 것이 두려워서 그냥 덮어두려고 하기보다는 뇌과학적 연구 결과를 토대로, 아들은 엄마인 나와 이러이러한 점이 다른 뇌를 가졌다는 사실을 알게 된다면 훨씬 편안한 마음으로 아들을 대할 수 있지 않을까요?

뇌의 폭발적 성장 과정

뇌의 모양을 떠올려보겠습니다. 구불구불한 모양에 중간중간 파여 있는 모습이 마치 껍질을 까놓은 호두 같습니다. 맞아요. 인간이라면 누구나 이런 뇌 모양을 가지고 있습니다. 하지만 여기에 많은 사람들이 가지고 있는 작은 오해가 하나 있어요. 엄마의 배 속에 있는 아기의 뇌가 처음부터 잘 여문 호두 모양을 하고 있다고 생각하는

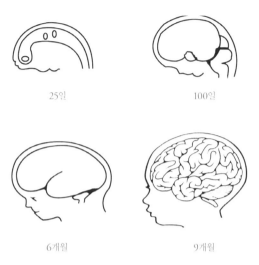

25일 100일

6개월 9개월

것인데요. 말 그대로 오해입니다.

위 그림에서 알 수 있듯이 태아의 뇌가 처음 만들어졌을 때의 모습은 그 안에 척수만 존재하는 지렁이의 뇌와 비슷해요. 지렁이의 뇌에서 출발한 태아의 뇌세포는 엄마의 배 속에서 1분에 25만 개라는 상상하기 어려운 속도와 비율로 늘어나기 시작합니다. 그렇게 약 9개월간 세포 늘리기를 통해 비로소 우리가 알고 있는 뇌의 형태를 갖추고 세상에 나오게 되는 것인데요. 이렇게 뇌의 형태를 갖추어가는 과정은 단순히 뇌세포의 숫자가 막 늘어나는 것만을 의미하는 것은 아니에요. 뉴런과 뉴런 사이를 연결하는 신경통로, 시냅스synapse도 함께 만들어진다는 것을 뜻합니다. 시냅스는 뇌 안의 다른 뉴런들이 서로서로 정보를 주고받을 수 있도록 이어주는 길 역할을 합니다. 말하자면 뇌가 뇌세포를 늘려간다는 것은 단순히 양적 팽창만을 의미하는 것이 아니라 뇌세포 각각이 다른 뇌세포와 정보를 교류하면서 보다 복잡한 기능을 수행할 수 있게 하는 질적인 성장도 함께 의미하는 것입니다.

10살이 중요하다고 말하는 이유

이쯤에서 궁금해집니다. 모든 사람들의 뇌는 다 똑같이 만들어지는데 사람들마다 생각의 차이, 이해의 차이는 왜 생기는 걸까요? 흔히 말하는 똑똑해진다는 것은 인지 기능의 발달을 의미하는 건데요. 인지 기능과 관련된 뇌세포 간의 시냅스 회로는 엄마 배 속에서 25% 정도 완성되고, 출생 후 10세 정도까지 계속해서 나머지 75%가 만들어져요. 다시 말하면 살아가는 데 필요한 다양한 기능과 능력을 담당하는 뇌의 시냅스가 10세 이전에 완성된다는 것이죠. 그렇다면 출생부터 10세까지에 해당하는 75%의 시냅스는 어떤 과정을 거쳐 만들어지는 것일까요?

간단히 정리하면 시냅스는 일상생활 속에서 이루어진 이런저런 경험을 통해 만들어집니다. 특히 깊이 생각하고 계산하며 문제를 해결하는 인지 능력이 그렇습니다. 10세 정도의 초등학교 3~4학년 아이들의 인지 능력과 그것을 담당하는 뇌 발달이 어느 날 갑자기 이루어지는 것이 아니라는 말인데요. 어릴 때부터 겪었던 다양한 경험이 지속적으로 증가하고 있는 뇌세포에 자극을 주면서 입체적으로 쌓인 것입니다. 저마다의 경험이 다르기 때문에 이해의 차이, 생각의 차이, 인지 능력의 차이가 발생하게 되는 것이고요. 아이들의 인지 능력을 높여주는 경험은 특별한 일이 아니에요. 친구들과 놀이터에서 다양한 놀이와 게임을 하면서 규칙을 만들어내고, 규칙에 따라 움직이고, 친구 간에 다툼이 일어날 때 그것을 해결해가면서 인지 능력은 점점 힘이 세집니다. 쉽게 말해 똑똑해지는 것이죠. 학교에서 선생님의 말씀을 듣고, 문제를 풀고, 모둠 활동을 통해 협력해서 무엇인가 만들어보는 경험도 인지 능력의 발달에 도움을 주지요.

그렇다면 10세 이후부터 뇌 발달은 이루어지지 않는 것일까요? 그렇지 않아요. 10세 이후부터는 그전에 만들어진 시냅스가 더욱 정교해지고 복잡해지게 됩니다. 즉 뇌 발달은 평생 일어나지만 10세 이전의 다양한 경험이 인지 능력을 좌우하게 되는 것입니다.

안정된 감정이 뇌 발달의 핵심

인지 능력만큼이나 중요한데 별거 아니라고 넘기기 쉬운 것 중 하나가 감정입니다. 감정이 중요한 이유는 생존에 절대적으로 필요하기 때문이지요. 실제로 우리가 즐거움, 기쁨, 슬픔, 화남 등등 자신의 기분과 정서를 느낄 때를 떠올려보세요. 각각의 감정을 느낄 때마다 몸에도 변화도 나타납니다. 뇌 안에 있는 자율신경계에 의해 몸의 각 기관과 근육으로 전달되면서 나타나는 현상입니다. 예를 들어 어두

운 골목길을 혼자 걷다 보면 긴장되고 불안한 마음에 가슴이 두근두근거리고 식은땀이 납니다. 우리 몸이 외부 자극에 바짝 신경을 곤두세우고 있다는 증거인데요. 여차하면 바로 도망가거나 물리칠 수 있도록 근육에 힘을 주라는 정보가 뇌 신경계를 통해 전달되었기 때문입니다.

친구가 별명을 부르거나 놀려서 화가 나게 되면, 이 감정 정보도 자율신경계에 전달되어 심장 박동이 빠르게 뛰고 온몸의 피가 빠른 속도로 돌면서 몸에 힘이 들어가 당장이라도 달려들 것 같은 상태가 됩니다. 이 역시도 감정 정보에 따라 나타나는 몸의 변화입니다. 감정을 담당하는 것은 변연계라는 기관인데요. 특히 변연계의 아래쪽에 있는 편도체amygdala는 주로 공포나 분노 반응과 관련이 있어서 분노, 화, 공포, 불안감을 느끼게 되면 자극을 받아 스트레스 호르몬인 코르티솔cortisol을 분비하는 역할을 합니다. 코르티솔의 영향으로 심장 박동이 증가하고 위험을 느끼는 대상에 촉각을 곤두세우게 되는 것이죠.

흔히 머리가 똑똑해지기 위해서는 책을 많이 읽고 공부를 열심히 하면 된다고 생각합니다. 하지만 그보다 더 중요한 것이 있습니다. 감정도 뇌세포의 신경회로인 시냅스를 만들어내는 데 관련이 있습니다. 특히 영유아기에는 자녀가 어머니 혹은 양육자 사이에서 어떤 감정을 경험했는가에 따라 시냅스를 더욱 풍성하게 만들어낼 수도 있고 아닐 수도 있습니다. 영유아기에 어머니는 아기에게 젖을 물리고 아기와 눈을 마주치면서 다정하게 말을 걸기도 하고 스킨십을 하면서 사랑스러운 눈길로 쳐다보잖아요. 이때 아기는 그저 단순히 젖만 먹고 있는 것이 아니에요. 어머니의 말, 눈맞춤, 스킨십 속에 담긴 애정이라는 감정을 우측 측두엽을 통해서 듣고 처리하면서 감정을 학습하게 되는 것입니다.

어머니의 사랑을 느끼게 되면 기분이 좋아지고 이때 뇌를 발달시키는 데 도움이 되는 신경전달물질, 도파민dopamine이 나오게 됩니다. 도파민은 뇌세포 간의 시냅스 형성을 촉진시켜주고 아기가 안정적인 기분이 되도록 도와주거든요. 감정이 안정된 상태에서는 인지 기능이 향상되기 때문에 도파민은 뇌 발달에 중요한 요소입니다.

그와 반대로 양육에 지친 어머니가 잔뜩 짜증이 난 상태에서 아기에게 화풀이를 하거나 무덤덤하고 냉랭한 반응을 보인다면 아기는 바로 스트레스를 받습니다. 아기가 무슨 스트레스를 느끼겠느냐고 하시겠지만, 아기에게도 스트레스 호르몬인 코르티솔이 검출됩니다. 코르티솔은 기분을 나쁘게 할 뿐만 아니라 기억장치인 해마의 기능도 저하시키는 것으로 알려져 있습니다.

결정적 시기를 기억하라

똑똑해진다는 것은 어떤 의미일까요? 바로 뇌가 발달한다는 말인데요. 아들뿐만 아니라 모든 인간의 뇌는 발달하는 데 있어서 일종의 규칙 혹은 원리를 따르고 있습니다.

늑대 소년으로 키울 것인가

뇌가 발달하는 원리는 간단합니다. 지속적인 사용과 반복입니다. 이를 입증하기 위해 하버드 대학의 데이비드 휴벨David Hubel과 톨스턴 비젤Torsten Wiesel 교수는 원숭이와 고양이를 대상으로 실험을 했습니다. 그들은 모든 뇌의 기능이 정상인 아기 원숭이와 고양이의 눈

한쪽을 꿰매 다른 쪽 눈으로만 볼 수 있게 했습니다. 원숭이와 고양이는 3개월 동안 이 상태로 지냈는데 눈을 한쪽 꿰맨 것 말고는 모든 환경이 최고의 상태였습니다. 충분한 음식을 제공했고, 어미와 함께 지내면서 사랑도 충분히 받게 했습니다. 3개월 후 꿰맸던 눈을 원래 상태로 돌려놓았을 때 놀라운 결과가 나타났는데요. 3개월 동안 봉합되어 아무런 자극을 받지 못했던 한쪽 눈이 더 이상 앞을 보지 못하게 된 것입니다.

두 연구자는 원숭이와 고양이의 안구와 뇌의 후두엽 상태를 살펴보았습니다. 후두엽은 눈에 보이는 물체를 지각하고 인식하는 시각피질이 들어 있는 곳입니다. 원숭이와 고양이의 안구는 정상이었고 망막, 동공 역시 아무런 문제가 없었습니다. 문제는 시각피질이 있는 후두엽이었습니다. 눈으로 본 정보를 전달, 처리하는 역할을 하는 후두엽의 뇌세포 일부분이 파괴되어 있었던 것이죠.

이 실험을 통해 알게 된 것은 뇌는 사용하면 사용할수록 좋아지지만 그렇지 않으면 파괴된다는 것이었어요. 뇌세포뿐만 아니라 뇌세포와 뇌세포를 잇는 시냅스도 사라지게 됩니다. 이것은 마치 산 속의 길과 같습니다. 아무도 다니지 않는 산중에 사람이 발을 들여놓으면 새로운 길이 만들어지고, 그 흔적을 따라 여러 번 반복해서 다니다 보면 어느덧 확실한 등산로가 만들어지잖아요. 그런데 사람이 다니지 않은 길은 조금만 인적이 끊겨도 풀들이 무성해지면서 길의 흔적을 찾아보기 힘들어지게 됩니다.

뇌도 마찬가지입니다. 뇌세포가 다니는 길인 시냅스에 뇌세포가 다니지 않는다고 생각해보세요. 길은 도태돼서 더 이상 존재 가치가 없다고 느끼고 사라져버리겠지요. 실제로 잘 사용되지 않는 시냅스는 없어져버립니다. 강조하자면, 이전에 해본 적이 없는 일을 처음 할 때는 그 일과 관련된 뇌세포들 사이에 길의 흔적 즉, 시냅스가 생깁니다. 그 일을 반복적으로 하다 보면 시냅스가 더욱 단단해지고 튼튼해지는 것입니다. 그렇지만 아무리 잘 만들어진 시냅스도 사용하지 않으면 시들시들 말라가다가 결국 끊기게 되고, 뇌세포도 없어지고 마는 것이죠.

단지 학습에 대해서만 이러한 메커니즘이 적용되는 것은 아니에요. 대인관계 기술, 정서 통제 및 조절 능력에도 마찬가지입니다. 인간의 모든 행동을 관장하고 담당하는 뇌세포가 모두 우리 뇌 속에 퍼져 있기 때문이에요. 조금 무시무시한 말이 될 수도 있겠지만 사람들과 원만하게 지내는 기술, 다른 사람을 잘 이해하고 공감하는 능력 등의 행동을 연습해보지 않는다면 처음부터 그러한 기술과 능력이 없었던 사람처럼 될 수도 있다는 말입니다. 마치 영화「늑대 소년」속 주인공처럼 말이죠.

뇌 발달의 4단계

「아름다운 비행」이라는 영화를 보면, 주인공 소녀가 철새의 알을 우연하게 주워 부화하는 장면이 나옵니다. 그다음에 매우 흥미로운 일이 일어나는데요. 갓 부화한 철새 새끼들이 소녀를 자신의 어미로 착각해 낮이고 밤이고 쫓아다니는 것입니다.

이런 현상을 심리학에서는 '각인imprinting'이라고 합니다. 우리가 어린 시절 외운 구구단이 자동적으로 나오는 것처럼 머릿속에 완전히 박혀버리는 현상이죠. 각인은 발달의 '결정적 시기critical period'에 생겨납니다. 발달이 가장 잘 이루어지는 시기에 접한 자극은 쉽고 빠르게 기억되며, 한 번 저장되면 잘 잊히지 않습니다. 마치 창문을 활짝 열어놓으면 환기가 잘 되는 것처럼 발달할 수 있는 창이 활짝 열려 있는 상태에서 받아들인 자극이기 때문입니다. 그런데 모든 영역과 능력이 동시에 결정적 시기를 맞는 것은 아니거든요. 영역별로 가장 잘 발달할 수 있는 시기는 저마다 달라요. 의학자, 생리학자, 심리학자들은 이러한 결정적 시기를 연령별로 구분하여 뇌 발달의 단계를 제시했습니다.

1단계는 오감이 발달하는 단계로 0세부터 3세까지를 말해요. 아기의 뇌가 폭발적으로 성장하는 시기로 인지, 정서를 비롯하여 인간의 모든 정신활동이 골고루 발달할 수 있는 시기입니다. 다만 학습과 관련된 것이 아니라 기본적인 감각 정보의 발달을 의미해요.

2단계는 전두엽이 가장 활발하게 발달하는 단계로 3세에서 6세까지를 말해요. 이마 뒤에 위치한 전두엽은 사고, 판단, 언어, 감정, 도덕성, 인간성 등 인간의 뇌에서 일어나는 모든 기능과 작용에 적극적으로 관여합니다. 다시 말해 이때는 인간으로서 살아가는 데 필요한 지적 기능과 성품의 기초가 만들어지는 시기인 것입니다.

3단계는 언어 발달의 단계로 6세부터 12세까지입니다. 언어를 담당하는 영역은 주로 측두엽인데요. 3단계 이전까지 모국어를 학습했다면, 이 단계부터는 모국어와 다른 언어를 구별하고 이해하는 능력이 급격하게 성장하게 됩니다.

4단계는 시각피질이 자리 잡고 있는 후두엽이 가장 활발하게 발달하는데요. 시각피질의 발달 덕분인지 이 시기의 청소년들은 외모에 특별히 신경을 쓰며 남들과 자신을 비교하고 자신은 어떤 사람인지에 대해 인지하는 자아개념을 갖게 됩니다.

각 단계별로 결정적 시기를 맞게 되는 영역이 다르다는 것은 결국 양육환경의 초점이 단계별로 달라져야 한다는 것을 의미합니다. 모든 환경과 자극을 한꺼번에 조성하는 것이 아니라, 다양한 환경과 자극을 받아들일 준비가 된 결정적 시기에 맞춰야 한다는 것입니다.

· SUMMARY ·

• 아들의 뇌는 일상생활 속에서 다양한 경험을 통해 인지와 감정이 발달하게 된다.
• 아들의 뇌가 발달하는 원리는 반복이며, 사용되지 않는 시냅스는 사라지게 된다.
• 인지, 정서, 학습 등 여러 영역이 동시에 발달하는 게 아니라 가장 잘 발달할 수 있는 결정적 시기가 영역별로 다르다.

chapter
03

머릿속 삼총사
생명, 감정, 이성

마음을 좌지우지하는 기관인 뇌는 인간의 신체 중 가장 복잡하고 섬세하게 연결되어 있는 신경회로 덩어리입니다.

과학기술이 많이 발달했다고는 하지만 아직도 인간 뇌의 기능과 역할에 대해서는 5%도 알아내지 못했습니다. 다만 이제까지의 연구 결과를 토대로 쉽고 명확하게 뇌에 관한 설명을 하는 이론이 있는데, 바로 '삼위일체 뇌 이론'입니다.

과학자 폴 맥린Paul MacLean이 주장하는 이 이론은 뇌를 생명, 감정, 이성이라는 세 가지 중요 역할로 구분해서 뇌 구조를 설명하고 있습니다. 말하자면 뇌는 뇌간, 변연계, 대뇌피질이라는 세 곳으로 구성되어 있다고 말하는데요. 이것이 바로 뇌의 삼층 구조입니다. 그럼 지금부터 하나씩 살펴보기로 합시다.

생명 담당꾼, 뇌간

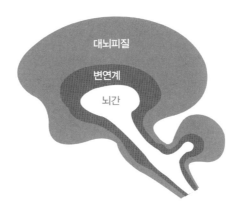

뇌의 가장 안쪽에 자리하고 있는 뇌간의 주된 기능은 생명 유지입니다. 우리가 숨을 쉬게 하는 기능을 담당하는 것이죠. 뇌간의 별명은 '파충류의 뇌'예요. 파충류부터 뇌간을 가지고 있기 때문인데요. 약 5억 년 전 인간의 조상인 오스트랄로피테쿠스들은 현재 인간과는 다른 뇌를 가지고 있었다고 합니다. 크기도 매우 작고 흡사 유인원에 가까운 뇌 모습을 하고 있는데, 뇌간만큼은 오늘날 인간의 뇌와 비슷하게 형성되어 있었던 것으로 추측하고 있습니다.

뇌간이 생명의 뇌라고 불리는 이유는 척수 때문인데요. 뇌간은 척추 속 신경세포에 해당하는 척수의 맨 윗부분이 점차 확대되고 커지면서 만들어집니다. 이와 같이 척수가 변형되어 만들어진 뇌간에서는 척수와 유사한 역할을 하는데 바로 기본적인 호흡, 혈압, 심장 박동 등 중요한 생명반사의 기능입니다. 이와 같이 척수가 변형된 뇌간은 파충류 이상의 동물들은 모두 가지고 있습니다.

뇌간이 손상되면 '뇌사' 상태가 되는데요. 뇌사란 말 그대로 뇌가 죽었다는 뜻으로 생명체가 스스로의 힘으로 생명을 유지할 수 없는 상태를 말해요. 스스로 호흡하지 못하기 때문에 호흡기와 같은 장치에 의지해야 숨을 쉴 수 있고 인공 심폐기가 작동해야만 심장이 뛰는 상태를 의미합니다. 뇌간이 작동하지 않아서 기본적인 생명 유지의 기능을 전혀 할 수 없는 상태인 것이죠.

뇌사와 식물인간은 완전히 다른 상태입니다. 식물인간은 말 그대로 식물과 같은 인간을 의미해요. 화분에 있는 꽃이나 식물은 광합성을 하고, 호흡을 하면서 스스로 생명을 유지하는 기능을 하잖아요. 그러나 식물은 혼자서 움직이지도 못하고 생각을 하거나 감정을 느끼지는 못합니다. 즉, 생명을 유지할 수 있는 기능은 살아 있으나 나머지 다른 기능은 멈춰 있는 상태가 식물인간인 것입니다. 따라서 뇌사는 회복이 불가능하지만 식물인간의 경우는 시간이 한참 흐른 뒤에 깨어나기도 합니다.

싸울 것인가, 도망갈 것인가

뇌간의 기능 중 하나가 싸울 것인가 아니면 도망갈 것인가를 결정하는 일입니다. 이른바 투쟁 혹은 도피 반응fight or flight response이라고 하는데요. 어두운 골목길을 걸어가고 있는데 갑자기 강도가 나타난다든지 무서운 개를 맞닥뜨리게 되었다고 상상해봅시다. 머릿속이

하얗게 되면서 정신이 하나도 없지만, 자신도 모르게 발이 움직여 도망을 치게 되잖아요. 혹은 아무런 판단 없이 강도나 개와 맞붙어 몸싸움을 벌이기도 하고요. 이것이 바로 싸울 것인가, 도망갈 것인가에 대한 반응 양상입니다.

이런 반응은 갑자기 어떤 위험을 만나게 되었을 때 본능적으로 알아차리게 됩니다. 생각할 겨를도 없이 그저 반사적으로 움직이는 상태가 되는데 이런 명령을 내리는 곳이 투쟁 혹은 도피 반응을 담당하는 뇌간인 것입니다. 생명을 유지하기 위해서, 살기 위해서 그야말로 원초적으로 작동하는 것이죠.

뇌간의 활성화를 보면 의아하게도 남성과 여성의 차이가 나타납니다. 남성이 여성보다 뇌간의 활동량이 훨씬 많거든요. 이것은 무엇을 의미하는 것일까요? 바로 남성이 여성보다 생명이 위협받는 장면에서 더 빠르고 즉각적으로 반응한다는 것을 뜻합니다.

강도나 개를 만났을 때 뇌간에서는 위험 신호를 재빨리 알아차리고 신체를 안전하게 보호할 수 있도록 반응을 보이는데, 남성의 경우 위험한 순간을 만나면 마치 그렇게 행동하도록 훈련되어 있는 존재처럼 본능적으로 빠르게 움직입니다. 이러한 남성의 빠른 투쟁 혹은 도피 반응은 테스토스테론 분비가 왕성해지는 사춘기부터 더욱 뚜렷해지는데요. 감정이 발생되는 변연계에서 불안, 분노, 두려움 등을 느끼게 되면 그 감정 정보를 재빨리 뇌간으로 보내 그에 맞는 반응 행동을 하게 되는 것입니다.

재밌게도 여성은 전혀 다른 반응을 보입니다. 변연계에서 감정이 잔뜩 발생하면 이 정보가 뇌간이 아닌 대뇌피질로 이동하기 때문인데, 대뇌피질에서는 생각과 판단을 하는 기능을 담당하기 때문에 위험 상황에서 여성은 남성처럼 즉각적인 반응이 나타나지 않는 것입니다.

아들이 엄마의 잔소리를 듣거나 뭔가 억울하다고 생각되면 쉽사리 공격적인 행동을 보이는데, 이때가 바로 뇌간이 반응하는 순간입니다. 변연계에서 발생한 감정 정보가 뇌간으로 전달되면서 자신도 모르게 본능적인 반응을 보이는 것이죠. 이 부분만 알고 있어도 아들의 돌발적인 행동이 조금은 이해될 수 있지 않을까요?

감정 담당꾼, 변연계

변연계는 삼층 구조 중 가운데에 자리 잡고 있으며, 별명이 '감정의 뇌'입니다. 파충류들은 뇌간은 가지고 있으나 변연계가 없어요. 포유류와 영장류 이상 되는 동물부터 변연계를 가지고 있습니다. 다시 말하면, 파충류는 감정을 느끼지 못하지만 포유류와 영장류는 감정을 느낀다는 말입니다. 그렇다면 변연계의 존재 유무는 동물이 살아가는 데 있어 어떤 차이를 가져올까요? 단순히 감정을 느낄 수 있고, 없고의 차이일까요?

감정을 느낀다는 것은 중요한 일입니다. 감정이 없음으로써 어떤 결과가 나타나는지 뱀들의 행동으로 알 수 있는데요. 대부분의 뱀들은 배가 고프면 자기의 새끼나 알을 먹어 치운다고 해요. 파충류는 뇌간만 존재하기 때문에 자신의 생존에 필요한 행동만을 하는 것이죠. 변연계가 있어 감정을 느낀다면 자신의 알이나 새끼가 가엾고 안타까워서 잡아먹을 엄두를 내지 못할 것입니다.

변연계에서 발생하는 감정 덕분에 우리는 위험으로부터 스스로를 방어하고 보호할 수 있습니다. 만약 누군가 모르는 사람이 내 앞에서 흉기를 휘두르며 위협하는데 아무런 감정을 느끼지 못한다면 큰 봉변을 당할 수도 있을 것입니다. 변연계에서는 감정이 발생되기 때문에 살아남기 위한 만반의 준비에 돌입하게 되는데요. 두려움, 공포를 느낄 때 이것으로부터 벗어나기 위해서 몸에 힘이 들어가고 심장은 평소보다 훨씬 빠르게 요동치며 다리에 피가 몰리게 되는 등 몸에서는 온갖 방어태세가 갖추어지게 되는 것입니다.

이처럼 위험에 대한 방어 및 준비태세는 위험을 감지하는 감정이 발생되지 않는다면 불가능해요. 감정이 발생한다는 것은 우리가 생존하기 위하여 몸이 정신을 바짝 차리게 도와준다는 것을 의미하기도 합니다. 재미있는 것은 남성과 여성이 감정을 전달하는 방향 역시 다르다는 것입니다.

위에서 잠깐 이야기한 것처럼 변연계에서 감정이 발생하면 여성의 뇌는 그 감정 정보를 대뇌피질로 보냅니다. 정보를 판단하고 조절하고 적절하게 통제할 수 있는 장소로 감정을 보내는 것이죠. 반면 남성의 뇌에서는 변연계에서 감정이 발생하면 감정 정보를 뇌간으로 보냅니다. 감정이 번개와 같은 속도로 반응하게 되는 것이죠. 그래서인지 감정을 처리하는 데 있어서 성별에 따라 큰 차이가 나타나게 됨니다. 딸들은 아침에 엄마의 잔소리에 짜증이 나도 학교에서 친구들과 한바탕 수다를 떨고 나면 언제 그랬냐는 듯이 잊어버리고 본 모습으로 돌아가거든요. 감정을 대뇌피질에서 처리해버렸기 때문이에요. 하지만 아들은 하루 종일 뚱해 있다가 아무것도 아닌 일로 친구에게 괜한 분풀이를 하기도 합니다. 아들의 뇌에서는 감정을 대뇌피질에서 통제하기보다는 뇌간으로 전달된 상태이기 때문에 만약 즉각적인 반응을 통해 감정을 처리하지 못했다면, 그 속에서 계속 휘말려 있는 것입니다.

해마는 알고 있다

변연계에서는 감정이 발생될 뿐만 아니라 기억을 다루기도 하는데 바로 기억장치인 해마가 변연계에 있기 때문이에요. 해마는 새로운 내용을 배우게 되면 그 내용을 머물게 하면서 학습과 기억이 되도록 하는 기관으로, 변연계가 손상을 입게 되면 기억과 새로운 학습은 불가능해집니다.

최근에야 해마가 기억장치라는 것이 밝혀졌는데 심한 발작 증상으로 수술을 받기 위해서 병원에 입원한 환자 덕분이었습니다.

그는 뇌전증을 치료하기 위해 뇌의 측두엽 부분과 변연계의 편도체, 해마를 잘라내는 수술을 받았습니다. 그 당시만 해도 해마와 편도체의 기능과 역할에 대해서 알려진 바가 없는 상태였습니다. 뇌전

중 치료를 위한 절개 수술은 성공적으로 끝났지만, 문제는 그 다음부터 나타나기 시작했어요. 수술을 한 이후부터 새롭게 알게 된 사람이나 약속을 전혀 기억하지 못하는 것이었습니다. 새로 알게 된 사람과 인사를 하고 돌아서면 즉시 그 기억은 까맣게 사라져버리고 마치 처음 만나는 사람처럼 다시 인사를 나누었습니다. 새롭게 배운 단어나 공식도 잘 기억하지 못했고요. 마치 학습 능력을 상실한 듯 보였습니다. 그런데 더 놀라운 것은 수술하기 전의 기억은 온전히 그대로지만 수술한 이후부터의 기억은 남아 있지 않게 된 것입니다.

환자 개인의 입장에서는 안된 일이지만, 이 수술로 인해서 해마가 새로운 학습이 기억되도록 머무르는 장소라는 것이 비로소 밝혀지게 된 것입니다.

그렇다면 왜 하필 기억장치가 변연계에 있을까요? 기억은 인지적인 기능인데 당연히 대뇌피질에 있어야 하지 않을까요? 기억의 내용을 곰곰이 따져보면 그 이유를 알 수 있습니다. 어떤 내용들이 오래 잊히지 않고 기억에 남는지 생각해보세요. 바로 감정이 실려 있는 내용들입니다. 선생님께 칭찬을 받으며 공부한 내용은 머릿속에 쏙쏙 잘 들어옵니다. 나를 화나게 만든 사람의 얼굴은 두고두고 잊어버릴 수가 없고요. 이렇게 기억이 처음부터 잘 되는 것이 아니라 어떤 내용들이 뇌에 잔뜩 전달되면 그 내용들이 해마에 머무르게 되는데 그때 감정 정보가 함께 담긴 내용들은 기억이 지속되도록 저장되는 것입니다.

통제 담당꾼, 대뇌피질

뇌의 가장 바깥쪽에 자리 잡고 있는 대뇌피질은 진화적으로 볼 때 가장 최근에 만들어졌으며 인간답게 살 수 있도록 해주는 핵심적인 부분이라고 볼 수 있습니다. 사람이 생각하고, 판단하고, 감정을 통제하고 조절하며, 바른 인성과 도덕성을 가질 수 있는 이유는 바로 대뇌피질이 있기 때문인데요. 인간이 동물을 지배할 수 있는 것도 바로 이 대뇌피질에서 사고와 판단을 할 수 있기 때문입니다.

대뇌피질의 기능에 대해서는 아직 5~10% 정도밖에 알려지지 않았어요. 과학기술이 아무리 발달했다고 해도 살아 있는 뇌의 기능과 역할을 그대로 관찰하기에는 한계가 있기 때문에 여전히 연구 대상으로 남아 있습니다. 이제까지 알려진 대뇌피질의 기능은 대체로 위치별로 구분하여 설명하고 있습니다. 우리에게 익숙할 정도로 많이 알려진 전두엽, 두정엽, 측두엽, 후두엽이 바로 대뇌피질을 구성하는 요소이며 위치에 따라 대략적인 기능과 역할이 구분되어 있습니다.

핵심은 전두엽

전두엽은 네 개의 엽 중 가장 부피가 크며 인간이 똑똑하게 생각하고 판단하는 역할은 물론 문제를 해결하고 미래를 계획하는 기능도 수행합니다.

전두엽은 특이하게도 감정의 뇌에 해당하는 변연계와도 연결되어 있습니다. 보통 생각하는 기능이라고 하면 숫자, 말, 글, 기호 등을 다루는 것만을 떠올릴 수 있는데, 전두엽은 이러한 상징 기호뿐만 아니라 변연계에서 발생한 감정 정보도 적합한 방식으로 통제하고 처리하기도 합니다. 특히 전두엽 중에서도 눈썹과 눈썹 사이의 이마 부분에 해당하는 전전두엽Prefrontal lobe에서는 도덕성을 담당해요. 그렇기 때문에 전전두엽이 망가지거나 손상을 입으면 도덕성에 심각한 문제가 생기게 됩니다.

한 예로 미국의 서던 캘리포니아 대학의 아드리안 레인Adrian Raine 교수는 38명의 남녀 사이코패스 범죄자들의 뇌를 연구했는데, 이들의 공통점은 도덕성을 다루는 전전두엽이 차지하는 부분이 일반 사람들에 비해서 작은 것으로 나타났습니다. 전두엽 기능에 문제가 생기면 기억, 판단, 계산 등의 인지 능력이 사라지는 것뿐만 아니라 따뜻한 인성과 도덕성에도 문제가 생겨서 반사회적 행동을 저지르는 범죄자가 될 위험이 높아지는 것입니다.

아들의 뇌는 딸에 비해서 전두엽의 발달이 상당히 더딥니다. 또래의 남학생과 여학생의 전두엽 활성도를 비교해보면, 딸의 뇌에서 훨씬 활성화가 잘 되는 것으로 나타난 연구 결과가 있습니다. 그래서인지 아들의 뇌는 딸의 뇌에 비해서 감정을 적절한 방법으로 처리하지 못하고 무엇인가를 부숴놓든지 공격적인 언행을 하는 경향이 높은 편입니다.

언어의 마술사, 측두엽

측두엽은 관자놀이뼈의 안쪽, 좌뇌와 우뇌 양쪽에 각각 위치합니다. 측두엽에는 청각피질이 있어서 듣는 것과 관련된 중요한 역할을 담당하는데요. 그래서 측두엽에 문제가 생기면 귀에 아무런 문제가 없어도 소리를 들을 수 없고, 귀를 통해 어떤 소리가 들어와도 그 소리를 구별하지 못하게 됩니다.

좌뇌에 있는 좌측 측두엽은 언어 학습의 핵심 중추로 언어를 배우고 말을 습득하며 언어의 의미를 이해하고 모국어와 외국어를 구분할 수 있게 되는 역할을 합니다. 우뇌에 있는 우측 측두엽은 같은 소리를 인식하지만 악기의 선율이나 멜로디, 사람들의 말 속에 실려 있는 감정을 알아차리는 역할을 합니다. 같은 단어를 사용해도 어떤 뉘앙스로 말하는가에 따라 전혀 다른 의미로 해석되는데 우측 측두엽이 고장나면 이것을 알아차리지 못합니다. 이런 경우는 누군가 비웃는 말투로 "정말 대단하시네요"라고 말해도 문자 그대로만 해석해서 자신을 칭찬하는 것으로 이해합니다.

내 몸 차렷, 두정엽

머리 위쪽에서 뒤쪽을 향해 내려가는 지점에 위치한 두정엽은 몸을 움직이게 하는 운동 기능과 현재 몸의 상태, 몸의 각 부위에 대한 정보를 수집하는 기능을 합니다. 요가나 스트레칭을 처음 할 때 팔, 다리, 허리 등을 바른 자세로 취하게끔 명령하는 것이 바로 두정엽의 역할입니다.

또 다른 역할은 눈을 통해 들어오는 정보를 인식하는 것인데, 주로 후두엽에 가까운 위치에 있는 두정엽에서 담당합니다. 눈을 통해 들어온 정보는 현재 몸이 있는 장소를 인식하고 몸의 균형을 잡도록 도움을 줍니다.

뒤통수에 눈이 달렸네, 후두엽

후두엽은 뒤통수 부위에 위치하고 있는데 시각 정보를 처리하고 인식하는 시각피질이 자리 잡고 있는 부분입니다. 눈을 다치지 않아도 후두엽이 손상을 입거나 사고로 다치게 되면 눈앞의 사물이 무엇인지 인식할 수 없게 되고 눈으로 보고 있다고 해도 무엇을 보고 있는지, 이것과 저것이 어떻게 다르고 같은지 전혀 알 수 없는 상태가 됩니다. 실제로 교통사고를 당하여 뒤통수의 대뇌피질이 손상된 환자가 눈을 전혀 다치지 않았는데도 불구하고 시각적인 장애를 겪게 되어 사물을 보지 못하는 사례가 있습니다. 후두엽은 사물의 위치, 빠르기, 크기 등을 인식할 수 있을 뿐만 아니라 색, 모양, 질감 등에 대한 정보를 처리합니다. 지도를 보거나 지하철에서 출구를 찾을 수 있는 것 역시 후두엽 덕분이지요.

· SUMMARY ·

- 아들의 뇌 가장 안쪽에는 생명 유지 기능을 담당하는 뇌간이 있다.
- 아들의 뇌 가운데 부분은 감정이 발생되는 변연계와 기억장치인 해마가 있다.
- 아들의 뇌 가장 바깥쪽에는 대뇌피질이 있으며 대뇌피질은 위치에 따라 전두엽, 측두엽, 두정엽, 후두엽으로 구분된다.
- 전두엽은 인간 능력의 대부분을 담당하며 측두엽은 언어와 감정의 이해를, 두정엽은 운동 기능을, 후두엽은 시각 정보를 처리한다.

임신 3개월
아들의 뇌를 결정한다

우리나라의 경우 임신 32주 이전에 태아의 성별을 알려주는 것이 법적으로 금지되어 있지만 동서고금을 막론하고 대부분의 부모들은 일단 임신을 하면 태아가 아들인지 딸인지 궁금해합니다. 이름부터 시작하여 아기가 입을 옷, 아기의 방 분위기 등등이 모두 성별에 따라 좌우되기 때문입니다. 그렇다면 태아의 성별은 언제쯤 결정되는 것일까요? 놀랍게도 수정된 지 6~7주 정도가 되면 태아의 성별이 결정되고 그 이후부터는 성호르몬의 분비량이 태아의 뇌에 영향을 줘 아들의 뇌, 딸의 뇌가 형성된다고 합니다.

아들, 딸을 구분하는 기준은 크게 두 가지로 볼 수 있는데요. 하나는 성기를 비롯한 신체적인 특징이고 다른 하나는 일반적이고 전형적인 행동과 성향 즉, 남성성과 여성성입니다. 아들, 딸의 신체적 특징과 외모를 결정하는 것은 성염색체와 성호르몬이 담당합니다. 남성적, 여성적인 행동과 성향은 우리의 뇌에서 지배되는데 아들의 뇌와 딸의 뇌를 결정하는 것도 역시 성호르몬이 담당합니다. 성호르몬이 태아에게 분비되면서 남성적인 뇌, 여성적인 뇌가 만들어지는 것이죠.

그런데 재미있게도 엄마의 배 속에서 정자와 난자가 만나 수정이 될 때 염색체에 따라 아들, 딸이 결정되는 것은 사실이지만, 그와 동시에 아들은 아들의 뇌를, 딸은 딸의 뇌를 갖게 되는 것은 아닙니다. 성별이 결정된 다음에도 12주 정도까지는 아들도 딸의 뇌와 같은 형태를 가지고 있습니다. 그래서 딸의 뇌는 인간 뇌의 출발이자 원래 형태라고 볼 수 있는데요. 임신 3개월 이후 남성 호르몬인 테스토스테론이 분비되면서 아들의 뇌는 점점 달라지기 시작합니다.

무엇이 아들을 만드는가

앞서 얘기한 대로 태아가 수정되고 6~7주 정도 지나면 아들인지 딸인지가 결정되는데요. 이를 결정하는 가장 중요한 요소가 바로 염색체입니다. 태아의 경우 절반은 엄마에게, 절반은 아버지에게 받은 46개의 염색체로 이루어져 있는데 그중 44개는 서로 짝을 이룬 22개의 모둠이 되어 눈의 색깔과 모양을 비롯해 얼굴 생김새와 팔다리 등의 외모를 결정하게 됩니다. 남아 있는 한 쌍이 바로 성염색체인데요. 엄마는 무조건 X자 모양의 성염색체를 주게 됩니다. 이때 아빠도 같은 X자 모양의 염색체를 주면 XX염색체가 되면서 딸이 되는 것이고, 아빠가 Y자 모양의 염색체를 주면 이것이 XY염색체가 되면서 아들이 됩니다.

태아가 아들로 결정이 되는 이 무렵 성기의 모습은 거의 흔적만 있는 것처럼 보여요. 그러다가 곧 아들의 모습을 갖추게 되는데, 비록 태아라고 할지라도 남성 호르몬인 테스토스테론이 만들어지는 특수한 세포들이 발달하기 시작하고, 테스토스테론이 태아에게 분비되면서 성기의 모습이 보다 뚜렷하게 만들어지게 됩니다. 만약 6~7주 무렵, 태아가 딸로 결정이 되면 테스토스테론은 거의 분비되지 않으면서 여성의 생식기가 만들어지게 됩니다. 이처럼 태아의 생식기가 아들인지 딸인지를 확실하게 구분할 수 있는 시점이 바로 12주, 즉 임신 3개월이라고 보면 됩니다.

범인은 테스토스테론

남성 호르몬 테스토스테론은 아들의 신체적 특징을 결정지을 뿐만 아니라 아들의 뇌를 만드는 데도 핵심적인 역할을 합니다. 태아의 성별이 결정되는 임신 3개월 즈음에 뇌의 중추신경이 급격한 속도로 발달하게 되는데 이때 아들의 뇌, 딸의 뇌가 갖추어지게 되거든요. 흥미롭게도 남성의 생식기를 갖게 된 태아에게서 엄청난 양의 남성

호르몬이 분비돼요. 이때 분비되는 테스토스테론의 양은 유아기부터 아동기까지 분비되는 총량의 네 배가 넘으며 남성으로의 변화가 가장 급격하게 나타나는 2차 성징기 즉 사춘기 시기와 거의 동일합니다. 만약 이때 테스토스테론의 분비가 충분하게 이루어지지 않으면 일단 남성 생식기가 만들어지기는 하지만 아들의 뇌가 형성되기에는 부족해서 아들의 몸이지만 여성성이 강한 딸의 뇌를 가진 상태로 태어날 수 있습니다. 그와 반대의 경우도 있어요. 여성의 생식기가 형성된 이후 엄마의 몸에서 테스토스테론이 분비되어 태아에게 전달되는 경우에는 딸의 몸이지만, 남성성이 강한 아들의 뇌를 가질 수도 있는 것이죠.

남녀의 뇌 차이를 연구한 영국의 유전학자 앤 무어Anne Moir와 데이비드 제슬David Jessel은 쥐를 대상으로 남성 호르몬이 뇌에 미치는 영향을 연구했어요. 연구자들은 갓 태어난 수컷 쥐를 거세하여 남성 호르몬인 테스토스테론이 분비되지 못하게 했습니다. 그 결과 테스토스테론이 분비되지 못한 수컷 쥐는 겉모습은 수컷의 상태 그대로지만 암컷 쥐와 같은 행동을 했습니다.

더 재미있는 것은 거세하는 시점이 늦어질수록 거세하지 않은 다른 수컷 쥐들과 비슷한 행동을 한다는 것이었습니다. 반대로 갓 태어난 암컷 쥐에게 남성 호르몬인 테스토스테론을 주사하게 되면, 암컷 쥐는 다른 쥐들을 공격했고 다른 암컷 쥐에게 수컷 쥐들이 할 만한 성적인 행동을 하는 모습도 보였습니다.

갓 태어난 쥐들은 약 7주 정도 된 태아의 뇌와 같은 상태이며 이 시기는 쥐, 인간 모두에게 뇌의 성별이 판가름 나는 결정적 시기인 것입니다. 아직 뇌의 완전한 형태가 생기지 않은 상태에서 남성 호르몬에 어느 정도 노출되느냐에 따라 아들의 뇌가 결정지어진다고 말할 수 있는 것이죠.

손가락 길이로 테스토스테론 수치를 알 수 있다고?

우리가 남성적 뇌를 가졌는지 여성적 뇌를 가졌는지 확인할 수 있는 간단한 방법이 있다. 바로 손가락 길이를 재보는 것이다. 영국 센트럴 랭커셔 대학의 심리학자 존 매닝 박사는 30여 년간의 연구를 종합하여 인간의 약지와 검지에는 남녀에 관한 성별 정보가 들어 있다고 주장했다.

매닝 박사의 연구 결과, 엄마 배 속에 있는 태아가 아들이고 남성 호르몬인 테스토스테론의 분비가 유독 많았다면 검지보다 약지가 길어지게 되며, 테스토스테론의 분비가 그렇게 많지 않았다면 검지와 약지의 길이가 비슷해지는 것으로 나타났다.

또한 엄마 배 속에 있는 태아가 딸이고 여성 호르몬인 에스트로겐의 분비가 많아지면 검지와 약지의 길이가 같아지거나 약지보다 검지가 더 길어지는 것으로 나타났다. 만약 에스트로겐의 분비가 많지 않았다면 딸이라고 하더라도 아들과 마찬가지로 검지보다 약지가 길어지게 된다고 주장하였다. 실제로 대다수의 남성은 검지보다 약지가 길고 여성은 약지보다 검지가 긴 것으로 나타났다.

이와 유사한 연구를 수행한 사이먼 배런 코헨에 따르면, 자신의 성기나 신체 기관 등의 성별과 반대되는 뇌의 성별을 가진 사람, 즉 아들이지만 검지가 약지보다 길고, 딸이지만 약지가 검지보다 긴 사람들은 전체 인구의 17% 정도로 유추할 수 있다고 했다. 코헨은 이런 사람들이 이상하거나 별종이 아니라 자신의 성별뿐만 아니라 반대되는 성별과도 원만하게 지낼 수 있는 장점을 지닌 것이라고 덧붙였다.

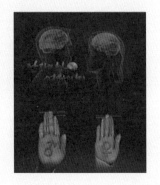

왜 아들은 눈치가 없을까?

몇십 년 전 베이어덜Bayerthal이라는 학자는 남성이 여성보다 머리 둘레가 훨씬 크기 때문에 남성이 지적으로 우월하다는 주장을 펼쳤습니다. 또 인간의 언어 중추를 발견한 외과 의사 브로카Broca는 여성이 남성보다 뇌가 작기 때문에 지적 능력이 떨어진다고 주장했는데요. 현재까지 밝혀진 바로는 뇌가 작다고 해서 지적인 능력이 떨어지는 것은 아니지만, 여성이 남성보다 9~12% 정도 뇌가 작은 것은 사실이며, 이러한 차이는 태아 때부터 나타난다고 알려져 있습니다.

그렇다면 아들의 뇌와 딸의 뇌를 구분할 수 있는 차이를 뇌의 기관을 중심으로 알아보겠습니다.

욕구 덩어리 아들의 뇌

인간 뇌 구조를 보면 뇌의 가장 안쪽에 간뇌diencephalo가 있습니다. 간뇌는 주로 내장, 혈관과 같은 자율신경을 관리하는 역할을 담당하는데, 간뇌 안에는 시상하부hypothalamus라는 기관이 자리하고 있어요. 기관이라기보다는 뇌세포들이 뭉쳐 있는 다발 정도로 생각하면 쉽습니다. 시상하부에서는 인간이 느끼는 가장 기본적이고 생리적인 욕구 즉 식욕, 성욕, 수면욕 등과 관련 있는 뇌세포들이 모여 있습니다. 특히 아들 뇌의 시상하부는 성 중추와 관련되어 있는 뇌세포가 딸에 비해 크고 모여 있는 모양도 다른데요. 아들의 경우 뇌세포 간의 연결 다리라고 볼 수 있는 시냅스가 딸에 비해서 훨씬 오밀조밀하게 많이 형성되어 있는 것을 볼 수 있었습니다. 그만큼 시상하부 뇌세포 간의 연결이 잘 이루어져 있고, 빠른 속도로 정보가 전달된다는 것이죠. 게다가 아들의 시상하부는 딸의 것보다 넓은 부분을 차지하고 있기 때문에 욕구를 강하게 느끼고, 그 욕구가 지속되는 시간 또한 깁니다. 더 정확하게 표현하면 아들의 뇌는 한 번 생긴 욕구가 채워지지 않으면 그 욕구에 대한 생각을 멈추기가 어렵다는 것이죠.

우뇌는 힘이 세다

엄마의 배 속에서 성별이 결정되면, 임신 3개월부터는 아들의 뇌에서 남성 호르몬인 테스토스테론이 엄청나게 쏟아집니다. 이것은 아들이 신체적인 모습뿐만 아니라 우리가 알고 있는 전형적인 '남자' 같은 생각과 행동을 하도록 만드는 뇌로 탈바꿈하게 만들어줍니다.

우리는 흔히 뇌를 좌뇌, 우뇌로 나누어 좌뇌형 인간, 우뇌형 인간 등으로 말하곤 하는데요. 그렇다면 아들은 좌뇌형, 우뇌형 중 어느 쪽에 가까울까요?

남녀의 뇌 발달에 관심을 갖고 있는 많은 과학자들이 공통적으로 발견한 사실 중 하나가 바로 태아 때부터 아들은 우뇌가, 딸은 좌뇌가 발달한다는 것입니다. 이것은 대뇌피질의 두께로 알아볼 수 있는데, 대뇌피질의 두께가 두껍다는 것은 그만큼 뇌세포 간의 시냅스가 많이 형성되어 부피가 크다는 것을 의미하거든요. 부피가 크고 시냅스가 촘촘하게 만들어진 대뇌피질의 부위는 상당히 뛰어난 능력을 발휘하게 되는데 아들의 경우 우뇌가, 딸은 좌뇌쪽 대뇌피질이 더 두껍다고 합니다.

우뇌는 예술적 상상력과 관련이 있고 통합적이고 종합적으로 사물을 이해하는 역할을 담당하며 공간적이고 입체적인 사물에 대한 정보를 처리하는 기능을 잘합니다. 좌뇌는 언어를 유창하게 다루는 능력과 관련이 있으며, 분석적이고 논리적으로 사고하는 것이 특징이고요. 특히 아들의 우뇌는 기계, 지리, 지도 읽기, 측정 등과 같은 공간지각과 공간추론 능력이 월등하게 발달합니다. 아직 태어나지 않은 태아의 능력을 측정할 수 없으므로 아동들의 능력을 비교한 결과를 살펴보면, 미국의 지리 지식 경진대회에 참여한 수백만 명 중 최종 본선에까지 올라가는 남자 아이들이 여자 아이들보다 무려 45배나 많은 것으로 나타났습니다.

이러한 사실은 동물 실험에서도 동일하게 나타났습니다. 여키즈 국립 영장류 연구센터Yerkes National Primate Research Center의 연구진은 붉은털원숭이를 대상으로 성별에 따라 어느 장난감을 선택하는지에 대한 실험을 했습니다. 그 결과 붉은털원숭이 중 어린 수컷은 남자 아이들처럼 트럭, 공구 등과 같은 장난감을 더 오래 가지고 놀고, 어린 암컷은 수컷이 가지고 놀던 장난감뿐만 아니라 여자 아이들처럼 인형, 소꿉놀이 세트처럼 아기자기한 장난감을 가지고 노는 것으로 나타났습니다.

또 다른 실험도 실시했는데요. 원숭이에게 길 찾기 과제를 수행하도록 했을 때 수컷의 경우 공간 형태에만 의존해서 길을 찾고, 암컷은 표지판이나 길가에 있는 다양한 사물 등을 참고하는 것으로 나타났다고 합니다. 길 찾기 과제를 수행하기 전에 남성 호르몬인 테스토스테론의 수치를 검사해보았는데 공간 형태에만 의존하는 원숭이일수록 테스토스테론 수치가 높은 것으로 나타났으며, 암컷과 비슷하게 다양한 방식으로 길 찾기를 하는 수컷은 테스토스테론 수치가 낮은 것으로 나타났습니다.

결국 남성 호르몬인 테스토스테론의 분비가 아들의 우뇌를 더욱 발달하게 하고, 이러한 발달을 토대로 공간 형태나 공간 유추를 잘하게 된다고 볼 수 있습니다.

말 없는 아들, 이유가 있다

인간의 뇌는 두 개로 나뉘어져 있는데요. 바로 좌뇌와 우뇌입니다. 두 개의 뇌를 연결하는 신경섬유 다발을 뇌량corpus callosum이라고 하는데 뇌량은 좌뇌의 정보와 우뇌의 정보를 교환할 수 있도록 연결해주는 통로이자 다리라고 말할 수 있습니다.

남녀의 뇌량이 차이가 난다는 주장은 라코스테 우탐싱Lacoste-Utamsing 박사와 홀로웨이Holloway 박사의 실험을 통해서 주목을 받게 됐습니다. 그들은 남녀의 뇌에서 가장 큰 차이를 보이는 영역이 바로 뇌량이라고 주장했고, 이를 검증하기 위해 유족들의 동의를 얻어 최근에 사망한 14명의 뇌를 부검해봤습니다. 그리고 여러 명의 과학자들과 함께 여성인지 남성인지 모르는 상태에서 뇌의 구조, 상태, 무게 등의 여러 조건들을 살펴보고 남성의 뇌인지, 여성의 뇌인지를 알아 맞히는 실험을 했습니다. 놀랍게도 이 실험에 참여한 과학자들은 뇌량의 무게와 형태만을 보고도 모두 남성의 뇌와 여성의 뇌를 구별할 수 있었습니다. 실제로 남성의 뇌량은 좁고 가늘고 무게도 덜 나가며, 여성의 뇌량은 짧고 굵으며 남성의 뇌량보다 훨씬 무거웠다고 합니다. 이와 같은 차이가 의미하는 것은 무엇일까요?

아들의 뇌량은 가늘고 길기 때문에 좌뇌와 우뇌 간의 정보 교환이 빠르지 않은 데다가 많은 양이 오고가지를 못합니다. 그로 인해 아들은 딸보다 말이 없고 눈치도 빠르지 않으며 자기 생각에 빠져 있거나 산만하게 보이기 쉽죠. 조리 있게 많은 말을 한꺼번에 쏟아내서 혼을 쏙 빼놓는 딸의 행동과 아들이 영 딴판의 모습을 보이는 이유는 바로 이 뇌량의 차이에 있는 것입니다.

그렇다고 아들의 감정이 발달하지 않았거나 감정과 관련된 뇌 발달이 일어나지 않았다고 생각한다면, 큰 오산입니다. 왜냐하면 어느 순간 분노한 감정이 오갈 데가 없어 터져버릴 수 있기 때문입니다. 우리나라 사회에서는 유교의 영향으로 남자는 감정을 잘 드러내지 않는 것을 미덕인 양 여겼습니다. 오히려 감정을 배제해야 사회적으로 성공할 수 있다고 생각하기도 했죠. 그렇게 오랫동안 학습되어서인지 아들이라고 하면 왠지 무덤덤하고 무감각한 것처럼 느껴지기도 합니다. 그러나 태아기 때부터 시작된 남성과 여성의 뇌 발달과 차이에 대해 연구해온 캐나다 맥매스터 대학의 신경학자 산드라 위틀슨 Sandra Witleso 박사는 아들 역시 감정을 처리하고 느낀다고 주장했습니다. 아들의 경우, 우뇌에서 감정, 기분, 정서를 담당하는데, 딸에 비해서 가늘고 긴 아들의 뇌량은 정보 전달을 더디게 하고 한 번에 많은 정보도 처리하지 못하기 때문에 자신이 느낀 감정이나 기분을 말로 표현하기 위한 감정 정보가 딸에 비해 좀 더디게 처리된다는 것뿐이라면서요.

누구나 자신의 감정, 특히 부정적인 감정에 대해서 누군가에게 털어놓고 위로받고 싶은 것이 사실입니다. 아들이라고 예외는 아니겠지요. 그런데, 사회적, 문화적 영향으로 계속 쌓아두기만 하면 어떻게 될까요? 영국의 34세 이하 남성 사망 원인의 1위는 자살이라고 합니다. 호주도 15~44세 남성의 사망 원인 1위도 역시 자살이고요. 우리나라 역시 남자 청소년과 청년의 자살률도 매년 증가세에 있습니다. 너무도 끔찍한 통계결과이지만, 아들이 감정을 끌어내고 힘든 상태를 드러내도록 할 필요성에 대해서 생각해봐야 할 것입니다.

다시 말씀드리지만, 아들의 무뚝뚝함과 무심함은 감정이 없다는 것을 의미하는 것이 아님을 기억해주세요. 우뇌에서 느낀 감정 정보가 언어적으로 표현하는 좌뇌로 전달되지 못하기 때문에 드러내지를 못할 뿐입니다. 자신이 느끼는 감정이 무엇인지도 모르는 상태에서 감정의 덩어리만을 감지하여 어쩔 줄을 모르는 아들의 뇌를 안타깝게 생각할 필요가 있습니다.

· SUMMARY ·

· 아들 뇌의 남성성을 결정하는 것은 성호르몬인 테스토스테론의 양이며, 이것은 엄마의 배 속에서 결정된다.
· 아들의 뇌는 욕구를 느끼고 이를 채우려는 행동을 좌우하는 시상하부가 딸의 뇌보다 크다.
· 아들의 뇌는 공간처리 능력, 종합적, 추상적 사고를 담당하는 우뇌가 딸의 뇌보다 훨씬 발달하지만 언어 능력, 논리적 사고 능력 등을 담당하는 좌뇌는 딸보다 발달하지 못했다.
· 아들의 뇌는 좌뇌와 우뇌를 연결하는 뇌량이 딸의 뇌보다 좁기 때문에 감정과 기분을 언어로 표현하는 데 서툴다.

뇌량이 없다면 어떤 일이 벌어질까?

좌뇌와 우뇌가 서로 의사소통할 수 있는 중요한 통로인 뇌량이 없다면 어떤 일이 일어날까? 심리학자 로저 스페리Roger Sperry는 뇌전증을 치료하기 위하여 뇌량을 절단한 환자를 대상으로 얼굴의 반은 여성, 반은 남성으로 합성한 사진을 보여주는 분할뇌split brain 실험을 했다.

환자는 이 기묘한 남자 반 여자 반 얼굴에 대해서 전혀 이상하다고 느끼지 못했으며, 남자 얼굴을 봤다고 대답했다. 이게 어떻게 된 일일까? 환자에게 여자 얼굴은 좌측 시야에 나타났기 때문에 우뇌에서 정보를 처리하게 되고, 남자 얼굴은 우측 시야에 나타났기 때문에 좌뇌에서 정보를 처리하게 된다. 또한, 정보가 입력된 정보를 언어로 처리하여 표현하는 작업은 좌뇌에서 처리하는데, 좌뇌와 우뇌의 소통이 단절된 이 환자는 우뇌에 들어온 여자 얼굴에 대한 정보가 좌뇌로 전혀 전달되지 않았기 때문에 여자 얼굴에 대한 대답을 전혀 할 수 없었던 것이다. 이처럼 뇌량이 절단된 환자는 왼손으로 만지고, 왼쪽 귀로 듣고, 왼쪽 눈으로 본 대상을 말할 수 없다. 왼쪽에서 주어지는 온갖 정보들을 처리하는 우뇌가 좌뇌로 전달되지 않아 언어로 표현하지 못하기 때문이다.

이보다 더 심각한 질환은 바로 외계인 손 증후군alien hand syndrome이다. 외계인 손 증후군 역시 뇌량을 절단한 환자나 뇌출혈, 감염 등으로 인해 뇌량이 손상된 환자에게 발생할 수 있는데, 한쪽 손이 자신의 의지와 상관없이 생명을 가진 것처럼 제멋대로 움직이는 증상을 보인다. 예를 들어, 오른손잡이 환자가 오른손으로 자신의 책상을 정리하면 자신이 인식하지도 못한 채 왼손이 정리된 책상을 마구 어지럽히는 것이다. 심한 경우 자신의 목을 조르기도 하고, 때리는 증상을 보이기도 한다.

책 읽는 아들에게 말 걸지 말라

아들 가진 엄마들을 만나게 되면 으레 듣게 되는 이야기가 "도대체 애가 말을 못 알아듣는다", "같은 한국말을 하는데 나는 아들놈 말을 이해하지 못하겠고, 아들놈도 내가 무슨 말만 하면 엄마가 하는 말이 무슨 뜻인지 모르겠단다"입니다. 이제 이런 일이 발생하는 이유가 1.4kg에 불과한 뇌의 차이에서 비롯됨을 아시겠지요? 남성의 뇌와 여성의 뇌는 구조적인 차이뿐만 아니라 사람, 언어, 물체를 비롯한 세상을 대할 때 작동하는 뇌의 기능과 방식에서 차이가 있다는 사실을 살펴봤으니까요.

이러한 차이가 발생한 이유에 대한 진화론적 관점의 설명은 조금 더 쉽습니다. 원시시대부터 여자보다 몸집이 크고 움직임이 빠른 남자는 수렵 즉, 사냥을 담당했는데 사냥을 잘하기 위해서는 사냥감을 잡을 만한 위치를 잘 파악해야 하며 순간적으로 엄청난 에너지를 발휘할 수 있어야 했습니다. 이러한 능력을 잘 발휘하는 유전자를 가진 남성이 결국 살아남아 진화함으로써 남성의 뇌가 가진 독특한 능력을 갖추게 되었다는 관점입니다.

여성의 경우 채집, 물물교환, 육아를 담당하였는데 이웃과 다툼 없이 채집을 하고 필요한 물건을 서로 교환하기 위해서는 다른 사람들의 감정을 잘 살피고 눈치를 잘 보아야 했을 것입니다. 더불어 육아를 잘하기 위해서는 아이에게 공감하고 보살필 줄 아는 능력이 필요했을 것임이 분명합니다. 여성도 남성과 마찬가지로 이러한 능력을 잘 갖추고 발휘하는 유전자를 가진 여성이 살아남아 진화를 거듭하여 여성의 뇌가 형성되었다는 것인데요. 결국 남성으로서 혹은 여성으로서 생존에 더 도움이 되고 필요한 능력을 갖춘 뇌가 살아남아 오늘날 각각 아들의 뇌, 딸의 뇌가 된 것입니다.

감정 읽기는 어려워

"아들놈들은 키워봐야 아무 소용없어!"

아들을 키우는 엄마들이 자주 하는 불평 중 하나인데요. 재미있는 것은 대체로 아빠보다는 엄마 쪽에서 이런 말들을 많이 한다는 점입니다. 물론 대부분의 가정에서 아빠보다는 엄마가 육아와 자녀교육에 더 많이 노력하고 치중하며 자녀들과 더 오랜 시간을 보내는 만큼 자녀와 충돌하고 부딪히는 일들도 많은 게 사실입니다.

대부분의 엄마들은 아들들의 무심함으로 인해 마음을 다칩니다. 다행인 것은 그런 무심함이 엄마를 골탕먹이기 위해 작정한 행동은 아니라는 점입니다. 오히려 아들 혹은 남성 입장에서는 자신이 무심결에 한 말을 가지고 토라지고 상처받는 엄마 혹은 여성의 반응에 화가 난다고 합니다. 그냥 아무 생각 없이 한 말에 너무 예민하게 반응하고 왜 그런 말을 했는지 따지고 들면서 무안을 주곤 하니까요.

아들의 뇌는 여성인 엄마의 뇌와 다름을 기억해야 할 것입니다. 엄마는 아들의 표정과 어투에 들어 있는 미묘한 감정을 쉽고 빠르게 알아차리지만 아들에게 이런 일은 생각할 수도 없는, 매우 어려운 일입니다.

멀티태스킹이 뭔가요

미국의 메릴랜드 연구 센터Maryland Research Center에 근무하는 심리학자 허버트 랜드셀Herbert Landsell 박사는 뇌전증 발작으로 뇌가 손상된 남성과 여성을 연구했습니다.

첫 번째 연구 결과는 우뇌에 손상을 입었을 때 나타나는 남성과 여성의 차이인데요. 우뇌는 공간을 입체적으로 사고하는 능력, 통합적으로 사물을 이해하는 능력, 예술적인 상상력을 담당합니다. 그런데 남성과 여성이 똑같이 우뇌가 손상되었을 때 나타나는 결과는 상당히 달랐습니다. 우선 남성은 우뇌가 손상되면 공간 능력이 떨어지거나 사라지는 것으로 나타났습니다. 반면에 여성의 경우 남성과 똑같은 부위의 우뇌가 손상되더라도 공간 능력은 그대로였습니다.

두 번째 연구 결과는 좌뇌에 손상을 입었을 때 나타나는 남성과 여성의 차이인데요. 좌뇌는 언어 능력을 주로 담당하며, 논리적 사고와 분석력을 결정하는 역할을 하는 곳입니다. 좌뇌에 손상을 입은 남성은 말을 하지 못하거나 언어 기능을 상실하는 것으로 나타난 반면 여성의 경우는 좌뇌에 손상을 입더라도 언어 능력은 그대로 유지되는 모습이 나타났습니다.

이런 연구 결과를 통해서 얻게 된 결론은 남성의 경우 언어 능력은 좌뇌에서만 담당하고 공간 능력은 우뇌에서만 담당하는 전문성을 보인다는 것이었어요. 여성의 경우 언어 능력과 공간 능력이 어느 한쪽에서만 담당하는 것이 아니라 양쪽에 분산되어 통제된다는 점이 달랐고요.

렌드셀 박사의 이 놀라운 발견을 최근 과학기술을 동원하여 뇌 영상으로 분석하여 검증했습니다. 미국 필라델피아 의과대학의 라지니 버마Ragini Verma 교수 연구팀에서는 8세에서 22세에 이르는 남성 428명과 여성 521명을 대상으로 뇌 연결망 구조를 보여주는 자료를 분석한 결과, 확연한 남녀 차이를 발견하게 되었는데요. 다음 그림에서와 같이 남성의 경우 좌뇌는 좌뇌에서만, 우뇌는 우뇌에서만 연결망 구조가 활발하게 형성되어 있는 것으로 나타났습니다. 즉 좌뇌의 기능은 좌뇌에서만 담당하며 우뇌의 기능은 우뇌에서만 담당한다고 볼 수 있는 것입니다.

　여성의 경우는 달랐습니다. 좌뇌와 우뇌를 오가는 연결망이 훨씬 더 많이 형성되어 있는 것으로 나타났거든요. 즉, 좌뇌와 우뇌에서 함께 기능을 담당하며 작동한다고 말할 수 있습니다.

한 번 망가지면 돌아오지 않는다

　'아들의 뇌는 전문화되어 있다'는 말은 동전의 앞뒷면과 같습니다. 먼저 전문화된 아들의 뇌가 갖는 장점을 살펴볼게요. 아들의 뇌는 딸

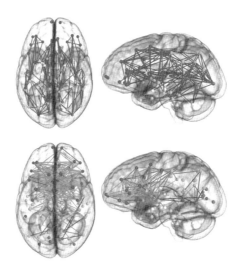

대뇌 연결 구조의 남성과 여성의 차이. 위의 그림이 남성의 뇌. 아래 그림이 여성의 뇌. 아들의 뇌는 좌뇌는 좌뇌의 기능만, 우뇌는 우뇌의 기능만을 담당하여 전문화되어 있지만, 딸의 뇌는 좌뇌와 우뇌의 기능이 분산되어 있다.　　　　　　　　　　　　　출처 : Ragini Verma, PNAS

의 뇌에 비해서 특정 영역에서는 뛰어난 능력을 갖습니다. 특히, 공간 능력에서 그렇죠.

남녀의 뇌 구조 차이를 연구한 캐나다 심리학자 산드라 위틀슨 Sandra Witleson 박사는 남성의 뇌 구조 차이는 여러 능력마다 담당하는 뇌의 영역이 개별적으로 존재한다고 말합니다. 언어 능력은 좌뇌에서만, 공간 능력은 우뇌에서만 담당한다는 것이죠. 여성의 경우는 공간 능력을 포함하여 추상적 사고, 정서 관리 능력 등을 좌뇌, 우뇌에서 모두 담당합니다. 한 부분에서 여러 일을 동시에 처리해야 하기 때문에 그 수행결과가 떨어질 수밖에 없다는 것입니다. 반면 남성의 뇌는 우뇌 한 부분에서만 공간 능력을 담당하기 때문에 더 빠르고 더 쉽고 효율적으로 해결할 수 있다고 이야기합니다.

이런 이유로 아들은 수학 문제를 풀면서 엄마의 질문에 대답하지 못할 수도 있는 것입니다. 아들의 뇌는 한 가지 활동을 집중적으로 수행하고 있는 중이거든요. 그렇다면 동전의 뒷면 즉 아들의 뇌가 전문화되어 있다는 말의 단점은 불행하게도 사고나 질병이 발생했을 때 문제가 됩니다. 사고를 당하거나 질병에 걸려서 뇌의 한쪽이 손상되면 관련된 능력이 사라지게 되기 때문입니다. 허버트 랜드셀의 연구에서 살펴본 바와 같이, 우뇌가 손상을 입은 남성은 공간 능력이 사라졌고 좌뇌가 손상되었을 경우에는 말을 하지 못하거나 이해하지 못하게 되는 일이 일어났습니다. 여성의 경우 남성의 뇌에 비해 전문화되어 있지 않지만, 언어 능력이나 공간 능력이 분산되어 있기 때문에 뇌의 한쪽이 손상된다고 하더라도 말을 하지 못하거나 공간 능력이 없어지지 않습니다. 한 가지 일을 집중하여 잘하지만, 손상될 경우 모든 능력이 사라지고 마는 치명적인 결과를 초래하는 것이 바로 아들의 뇌가 가진 뒷면입니다.

인형보다 자동차가 좋은 까닭

아들의 뇌는 우뇌가 잘 발달하고 전문화되어 있기 때문에 공간을 잘 유추하고 지도도 잘 볼 수 있으며, 수학이나 과학을 비교적 좋아하는 편입니다. 뿐만 아니라 체육이나 보드 게임 등을 잘하는 것과도 관련이 있으며, 사람과의 관계보다는 사물이나 물체를 다루는 것에 관심이 많습니다.

수학, 과학은 역시 아들!

이미 오래 전부터 남성은 수학, 과학을 잘하고 여성은 남성에 비해 수학, 과학 능력이 떨어진다고 단정지어 왔는데요. 이에 반기를

든 일부 학자들은 수학이나 과학과 관련된 분야가 남성들에게만 기회를 주고 교육을 해왔기 때문이며, 여성들은 수학이나 과학에 대한 교육을 제대로 받은 적이 없기 때문이라고 주장하기도 했습니다. 게다가 남성은 논리적이고 과학적인 사고를 하고 여성은 감정적이고 감상적이라는, 고정관념을 갖게 만드는 사회 분위기가 이를 확고하게 만들었다고 진단했습니다.

실제로 이 주장이 맞는지 확인하고자 하는 연구들이 속속 등장하였는데요. 그중 미국의 심리학자 줄리안 스탠리Julian Stanley와 카밀라 밴보우Camilla Benbow 박사의 연구를 소개하겠습니다. 그들은 미국 전체에서 수학과 과학 분야의 영재라고 판별받은 아이들을 15년 동안 연구했습니다. 두 박사는 남녀가 다른 능력을 가졌다는 주장이 성차별의 근거로 이용되거나 혹은 그 자체로 성 차별이라는 비판을 받을 수도 있다는 것을 알고 있었기 때문에 보다 철저하게 연구에 집중했습니다. 그 결과가 매우 놀라웠는데요. 여학생 중에서 가장 뛰어난 수학 능력을 보인 아이라도 가장 뛰어난 남학생의 능력을 결코 따라오지 못한다는 것이었습니다. 게다가 남학생과 여학생의 수학 영재 비율에서도 남학생이 무려 13배나 높았습니다.

이런 결과에 대해 초등학생 아들을 둔 엄마들은 보통 반신반의합니다. 왜냐하면 초등학교 교실을 찬찬히 들여다보면, 아들보다 딸들이 훨씬 더 많이 수학과 과학 시간에 두각을 나타내거든요. 실제로 아동기에는 아들이 딸들에 비해서 수학, 과학 분야에서 뒤처지는 것이 사실입니다. 그러나 사춘기 이후에 수학이 단순히 연산, 계산을 넘어서 이론과 추상적인 개념을 다루게 되면 우뇌가 발달한 남성의 뇌가 실력 발휘를 하게 됩니다. 출발이 빨랐다고 해서 반드시 결승점을 먼저 통과하지는 않는다는 것이죠. 또 하나 잊지 말아야 할 것이 있는데요. 유전자와 양육 경험에 의해서 다른 뇌 구조를 가진 아들도 있다는 사실입니다.

지도 보기, 길 찾기, 운동의 달인

펜실베이니아 주립대의 린 리벤Lean Liven 교수는 미국 지리 경진대회에 출전하기 위해 미국 전역에서 모인 500명의 학생들을 분석했습니다. 우선 이 많은 아이들 중 예선, 본선을 거쳐 최종까지 남는 남학생이 여학생의 45배가 넘는 압도적인 비율을 차지했습니다. 이 대회에서 수행해야 하는 과제 대부분이 지도를 보고 지역 찾기, 지형 구별하기 등과 같이 공간을 추론하고 입체적으로 사고하는 우뇌의 능력과 관련이 있었기 때문이었습니다.

우뇌가 발달한 남성의 뇌는 운동과도 관련이 깊은데요. 특히 손발을 이용하여 공을 잡고 차고 던지는 구기 종목에서 큰 활약을 하는 것으로 나타났습니다. 야구, 축구, 농구와 같이 여러 명이 공을 다루는 운동에서 가장 필요한 것은 무엇보다 손발과 눈의 협응 능력이 잖아요. 눈으로 보면서 몸을 움직이고, 움직이면서 머릿속으로는 계속해서 공간과 공을 상상하고 변화시키고 입체적으로 사고하는 능력이 많이 필요한 종목들인데 이 역시 우뇌가 발달하는 아들이 잘하는 것입니다. 운전하기나 지도 보고 길 찾기 등도 같은 이유로 딸보다는 아들이 두각을 나타내는 경우가 많습니다.

기다리는 엄마에게 복이 있다

아들의 뇌가 수학, 과학을 좋아하고 공간과 관련된 놀이나 활동에 집중을 잘하는 능력은 언제부터 나타날까요? 만약 우리가 아들의 뇌가 가지는 전형적인 특성이 언제부터 나타나는지 알 수 있다면, 부모가 아들의 성향을 빨리 파악하고 이해하는 데 도움이 될 수 있을 것입니다.

파란색 곰인형은 무용지물

아들의 뇌가 보이는 특성은 매우 어린 시기부터 나타나는 것으로 알려져 있습니다. 물론 처음부터 수학 문제를 풀고, 과학 실험을 척

척 해내는 것은 아니에요. 가장 쉽게 유추할 수 있는 것은 장난감입니다. 이와 관련해 영국 런던 시티 대학교의 연구팀들은 실제로 성별에 따라 다른 장난감을 선택하는지를 알아보는 실험을 했습니다.

연구팀은 성인 남녀 각 300명에게 어린 시절 가장 기억에 남는 장난감이 무엇인지 미리 설문조사를 했고, 그중 가장 높은 빈도를 보인 장난감 여섯 개를 준비했습니다. 그러고는 9~36개월 된 유아 83명에게 자동차, 모형 채굴기, 축구공, 인형, 부드러운 천으로 만든 곰인형, 소꿉놀이 세트를 보여준 뒤 3분 동안에 무엇을 선택하는지 관찰했습니다. 결과는 우리가 갖고 있는 고정관념 그대로였습니다. 태어난 지 9개월밖에 되지 않는 남자 아기는 바퀴가 달려서 움직일 수 있는 자동차나 모형 채굴기를 주로 선택해서 가지고 놀았고, 여자 아이들은 미소를 짓고 눈을 깜빡거리는 인형, 부들부들한 곰인형, 소꿉놀이 세트 등을 주로 가지고 놀았습니다. 이것은 사전 준비로 조사했던 300명의 남녀 성인들과 너무도 일치하는 결과였다고 합니다. 즉 성인들 역시 남성들은 가장 기억에 남는 생애 첫 번째 장난감으로 자동차를 뽑았고, 여성들은 인형이라고 응답했던 것이죠.

더 재미있는 것은 성별에 따라 특별히 선호하는 색깔이 있는지 알아보고자 했을 때의 결과였습니다. 남자 아이들에게 분홍색으로 만든 곰인형과 파란색으로 만든 곰인형을 가져다놓고 어떤 색깔을 선택하는지 관찰해보니, 9개월밖에 되지 않는 남자 아이들조차도 인형에는 도통 관심을 보이지 않아 전혀 실험을 진행할 수 없었다는 것입니다.

이러한 성별에 따른 장난감 선호는 나이가 들어갈수록 더욱 강하고 분명하게 나타납니다. 연구팀들은 27~36개월의 유아들을 대상으로 장난감 선호도를 관찰했는데, 여자 아이의 경우 놀이 시간의 절반을 사람과 얼굴 표정이 비슷한 인형을 가지고 노는 데 사용했습니다. 반대로 남자 아이의 경우는 장난감 모형 채굴기를 가지고 노는 시간이 전체 놀이 시간 중 87%나 되었습니다.

앞자리에 앉혀라

남성과 여성의 뇌 특성을 오랫동안 연구해온 앤 무어 박사는 생후 1년이 채 되지 않은 영아기부터 시작하여 아동기, 사춘기에 이르기까지 남녀의 행동 차이가 분명하게 나타나며, 이것은 뇌 구조와 특성의 차이로 인해서 발생하는 것이라고 주장했습니다. 무어 박사는 남녀의 행동 차이와 뇌 특성을 밝히기 위해서 어린이집에서 보이는 아기들의 행동을 관찰했는데요. 엄마가 출근 전 아기를 보육 시설에 데려다줄 때 대부분의 아기들은 울음을 터뜨리고 출근하는 엄마의 뒷모습을 향해 온갖 슬픔을 표현하곤 합니다. 무어 박사는 바로 이때 남자 아기들과 여자 아기들의 차이를 발견했습니다.

여자 아기들은 엄마와 헤어지고 나서 교실에서 놀이를 하거나 다른 아기들과 어울리거나 무엇인가를 하려는 행동을 하는 데까지 평균 92.5초가 걸리는 데 비해 남자 아기들은 평균 36초 만에 놀이터를 향해 뛰어가는 것으로 나타났다고 합니다.

어쩌면 이 부분에서 아들을 가진 엄마들은 속상할지도 모르겠습니다. '아들은 원래 살갑지가 못해' 혹은 '우리 아들이 엄마한테 애정이 없는 건 아닐까?'라는 생각이 들 수도 있으니까요. 그러나 이것은 엄마에 대한 아들의 애정과는 아무 상관이 없습니다. 단지 아들의 뇌가 가지는 특성 때문에 일어나는 일이니 크게 의미를 두지 않으셔도 됩니다.

　무어 박사는 놀이를 하는 모습도 관찰했습니다. 그 결과 여자 아기들은 주로 앉아서 하는 놀이를, 남자 아기들은 블록으로 건물 쌓기, 손에 잡히는 각종 도구를 가지고 뚝딱거리기, 공간을 넓게 차지하고 뛰어노는 놀이를 더 좋아하는 경향을 보였습니다. 또한 남자 아기들은 새로운 장난감에 눈을 반짝이면서 엄청난 관심과 흥미를 보이지만, 신기하게도 새로 온 또래 아이에 대해서는 별 관심을 보이지도 않았고 같이 어울리거나 말을 붙이는 행동도 하지 않았다고 합니다. 이러한 아들의 뇌가 가지는 특성과 경향은 아동기와 사춘기에도 이어져서 나타나게 되는데요. 아들은 눈과 손을 협응하거나 눈과 손의 기능을 동시에 활용하는 활동을 훨씬 더 좋아하는 것으로 나타났습니다. 그래서 손으로 마우스를 움직이고 눈으로 컴퓨터 화면을 봐야 하는 온라인 게임에 딸보다 아들이 훨씬 쉽게 빠져드는 것입니다.

　우뇌가 우세하게 발달한 아들의 뇌는 움직이고 직접 가서 경험하고 만져보며 사람보다는 사물을 들여다보는 것에 흥미를 느끼게 되는데, 이런 아들의 뇌는 학교에서 어려움을 겪을 때가 많습니다. 학교에서는 주로 앉아서 듣고, 수업을 듣는 동안 움직이지 말아야 하며,

선생님 질문을 잘 듣고 조리 있게 대답해야 하니까요. 아들의 뇌가 잘하는 것과는 거리가 있는 활동들이죠.

아들의 뇌는 딸에 비해서 좌뇌가 발달하지 않았기 때문에 가만히 앉아서 누군가의 말에 귀를 기울이는 것이 어려울 수 있습니다. 이런 이유 때문에 아들이 집중하도록 만들기 위해서는 차분하고 나긋나긋한 말투보다 크고 강한 목소리가 필요합니다. 만약 남학생과 여학생이 같은 교실에서 공부해야 한다면, 남학생들은 선생님의 말을 가장 잘 들을 수 있는 앞자리에 앉히는 것이 효과적입니다.

아들이 커가면서 엄마가 아들과 충돌이 일어나는 이유는 아들의 뇌가 가지는 특성이 더욱 분명하게 나타나기 때문인데요. 아들에게 있어서 엄마의 감정이나 생각을 유추하고 짐작하는 건 정말 어려운 일입니다. 생각해보세요. 내 마음에도 집중할까 말까인데 엄마 마음 속까지 어떻게 챙기고 들여다볼 수 있겠습니까! 엄마가 속상하다는 것은 엄마가 말을 해주니까 알긴 알지만 구체적으로 엄마가 어떤 심정인지, 어떤 마음인지 아들은 이해하기 어려운 게 사실입니다. 그리고 무엇보다 좌뇌가 그다지 힘이 세지 못한 관계로 엄마가 여간 큰 소리로 강하게 말하지 않으면 아들은 엄마의 이야기에 주목하지 못하게 되는 것입니다.

여성인 엄마의 입장에서는 참으로 이상한 일이죠. 본인은 아들이 어떤 감정 상태인지, 왜 기분이 안 좋은지, 뭔가 느낌이 이상하다는 것까지 세세하게 느끼고 있는데 말입니다. 이때 엄마에게 필요한 것은 닦달이 아니라 아들의 뇌에 대한 이해심입니다. 아들의 뇌가 가진 특성과 능력을 고치려고 하기보다는 이해하고 인정하려는 태도가 중요합니다.

· SUMMARY ·

- 아들의 뇌는 전문화되어 있어서 공간 능력은 우뇌에서만 담당하고, 언어 능력은 좌뇌에서만 담당한다.
- 아들의 뇌는 수학, 과학, 길 찾기, 지도 보기 등에서 강점을 보인다.
- 모든 아들의 뇌가 똑같지는 않다. 즉 어떤 아들의 뇌는 테스토스테론의 양이 많지 않아서 여성적인 특성을 가진 뇌가 될 수도 있다.

우리 아들의 뇌는 남성적 뇌인가, 여성적 뇌인가?

아들을 가진 부모님 중에는 '우리 아들은 그다지 수학, 과학을 좋아하지 않는 것 같은데…' 또는 '우리 아들은 자동차보다 친구들하고 수다 떠는 것을 더 좋아하는데…'라고 생각하는 경우도 있을 것이다.

엄마의 배 속에 있으면서 성호르몬 분비가 적을 경우, 남성의 뇌로 탈바꿈하지 않고 여성의 특성을 어느 정도 가진 뇌로 남아 있게 된다. 그렇다고 염려할 필요는 없다. 오히려 딸의 뇌가 가진 특성 때문에 복잡한 자극을 처리하는 데 능숙하고 사람들의 말에 귀 기울이기 때문에 사춘기가 되어도 엄마와 충돌을 일으킬 가능성도 낮다. 또한 남성과 여성 모두의 마음을 이해할 수 있는 능력을 가질 수 있다는 장점도 있다. 그렇다면 우리 아들의 뇌가 남성적인 뇌인지, 여성적인 뇌인지 알아보는 간단한 검사를 해보도록 하자.

1. 당신의 아들은 근처에서 끙끙거리는 동물 소리가 나는 쪽을 바로 찾아낼 수 있습니까?
① 금방 알아챌 수 있다.
② 시간이 좀 걸리기는 하지만 신경을 쓰면 찾아낼 수 있다.
③ 거의 찾아내지 못한다.

2. 당신의 아들은 어릴 때부터 음악이나 노래를 처음 들어도 잘 기억하는 편입니까?
① 인상적인 부분과 후렴 부분은 기억하는 편이다.
② 쉬운 노래의 박자, 음정 정도는 기억하는 편이다.
③ 음악이나 노래는 거의 기억하지 못한다.

3. 당신의 아들은 전화 목소리만 듣고도 누구인지 금방 알아차리는 편입니까?
① 쉽게 알아차릴 수 있다.
② 어느 정도는 알아차릴 수 있다.
③ 거의 알아차리지 못한다.

4. 당신의 아들은 친구들 사이에 발생하는 미묘한 감정들을 잘 알아차리는 편입니까?
① 잘 알아차린다.
② 대체로 알아차리는 편이다.
③ 전혀 알아차리지 못한다.

5. 당신의 아들은 사람 얼굴과 이름을 잘 기억하는 편입니까?
① 잘 기억하는 편이다.
② 몇 명 정도는 기억해낼 수 있다.
③ 거의 기억하지 못한다.

6. 당신의 아들은 여러 과목 중에서 받아쓰기와 글짓기를 잘하는 편입니까?
① 둘 다 잘하는 편이다.
② 둘 중 하나만 잘하는 편이다.
③ 둘 다 잘 못한다.

7. 당신의 아들은 다른 어떤 장난감보다 자동차나 블록을 좋아하고 다루기도 잘하는 편입니까?
① 좋아하지도 않고 잘하지도 못한다.
② 잘하지는 못하지만 그런대로 잘해보려고 한다.
③ 좋아하고 쉽게 잘하는 편이다.

8. 당신의 아들은 길을 잘 찾는 편입니까?
① 길을 잘 찾지 못하는 편이다.
② 조금 시간이 걸리지만, 찾아내는 편이다.
③ 길 찾는 데 선수다.

9. 당신의 아들은 낯선 사람과 함께 앉아 있어야 할 때 어느 정도 거리를 두고 있습니까?
① 매우 가까이에 앉아 있다.
② 약간의 거리를 두지만 비교적 가까이 앉아 있다.
③ 멀찍이 거리를 두고 앉아 있다.

10. 당신의 아들은 구기 종목을 좋아하는 편입니까?
① 그다지 좋아하지 않는 편이다.
② 좋아하는 종목도 있고, 좋아하지 않는 종목도 있다.
③ 공과 관련된 놀이는 뭐든지 잘하는 편이다.

채점 방법
1. ①번은 10점, ②번은 5점, ③번은 -5점으로 총 점수를 합산한다.
2. 응답하기가 어려운 문항이 있어 표시하지 않은 경우에는 5점으로 채점한다.

결과 보기
· 0~50점 : 남성의 뇌
· 60~100점 : 여성의 뇌
· 50~60점 사이 : 남성과 여성의 사고방식을 모두 할 수 있는 뇌

아들 부모를 위한 양육 지침

✎ 아들의 뇌를 이해하고 인정하기

• 여성의 뇌를 가진 엄마의 입장에서 아들의 행동을 이해하기 어려운 경우가 많이 있는데 반대로 생각하면 아들도 엄마의 마음을 이해하기 어렵다는 뜻입니다. 그러므로 아들의 뇌는 엄마와 다른 뇌라는 것을 이해하고 수용해주세요.

• 아들의 뇌가 모두 동일하지는 않다는 것을 기억하세요. 모든 엄마가 동일하지 않듯이 아들의 뇌도 유전과 환경에 의해 많은 차이가 나타납니다. 그래서 아들이라고 하더라도 전형적인 남성의 뇌를 가지지 않을 수 있으며 오히려 여성적인 특성을 보일 수도 있습니다. 내 자녀가 가지는 독특한 특성을 정확하게 이해하고 인정하는 것이 중요합니다.

✎ 아들의 뇌와 대화하기

• 아들의 뇌는 전문화되어 있어서 한 번에 여러 가지 일을 동시에 수행하지 못합니다. 말하자면 숙제를 하면서 엄마의 질문에 대

답하고 심부름을 하기 어렵다는 것이지요. 아들의 뇌와 대화하기 위해서는 한 번에 하나씩만 대화하도록 하세요. 숙제를 하고 있는 아들의 뒤통수에 대고 이야기해봐야 아들의 뇌는 듣지도, 기억하지도 못하니까요.

• 아들의 뇌는 청각적인 자극보다 시각적인 자극에 집중을 잘합니다. 소리를 지르는 엄마에게 짜증만 남게 되는데, 이때 아들의 뇌와 대화하기 위해서는 바로 눈앞에서 바라보며 이야기를 꺼내는 것이 효과적입니다. 눈앞에 있을 때 아들의 뇌는 작은 소리에도 집중할 수 있으니까요.

• 아들의 뇌는 뇌량이 좁기 때문에 감정을 언어로 표현하는 데 서툴지만, 감정을 느끼지 못하는 것은 아닙니다. 오히려 감정을 언어로 해소하지 못하기 때문에 부정적인 감정을 느끼고 나면 그것으로부터 벗어나기 어려울 수 있습니다. 그러므로 감정적으로 상처를 입히는 말, 다른 사람과 비교하는 말, 위협하는 말 등은 삼가세요. 예를 들어, "무슨 마음을 먹고 그런 행동을 했는지 말을 해보란 말이야, 어서!"라고 부모가 말했을 때 대답을 못하고 우물쭈물하거나 당황해하면 아들의 뇌가 실제로 언어로 표현하지 못하기 때문일 가능성이 높습니다. 이때 절대로 빨리 말하라고 다그치지 마세요. 아들은 진짜 어떻게 표현해야 할지 모르는 것이니까요.

• 자신의 감정을 들여다보고 표현하는 능력이 천천히 발달하는 아들을 위해서는 그때그때 감정에 대해 물어보고 말로 드러내

도록 하여 감정적으로 건강해지도록 하는 것이 좋습니다. "우리 아들, 많이 서운했어?", "기분이 좋아 보이네"와 같이 부모님께서 기쁨, 짜증, 분노, 슬픔 등을 말로 자주 표현함으로써 아들이 자신의 감정을 이해하고 표현하도록 자연스럽게 이끌어주세요.

✎ 아들의 뇌와 학습하기

• 유난히 부산스럽고 산만한 특성을 보이는 경우라면, 공부를 시작하기 전에 간단한 운동을 하는 것도 아들의 뇌를 집중하게 만드는 좋은 방법입니다. 아들의 뇌가 욕구 충족을 담당하는 시상하부가 발달했다는 점을 활용할 수도 있는데요. 공부할 때 아들이 좋아하는 과목부터 하도록 격려하세요. 일단 '좋아하는 것을 했다'는 욕구가 충족되면 다음 공부를 하는 것이 훨씬 더 수월해진답니다.

• 아들의 뇌는 기본적으로 우뇌가 발달해 있어요. 그러므로 언어로 설명하는 학습 방법보다 실제로 만져보고 경험해보는 학습 방법이 훨씬 효과가 좋습니다. '백문이 불여일견' 아들에게 딱 맞는 고사성어입니다. 아들에게 책만 보고 혹은 말로만 설명해주고 나서 알아듣지 못한다고 야단치지 말아주세요.

2부

유아기 아들의 뇌 다루기

Son's Brain

chapter
01

아들은 아들이다

아들을 여럿 키우는 집에서 가끔 듣는 이야기가 있습니다. 아들이 모두 같은 아들은 아니라는 것인데요. 어떤 아들은 어릴 때부터 전형적인 남성성을 보여 요새 표현으로 '상남자' 같은 반면 어떤 아들은 다정하고 친절하며 살갑기까지 해서 딸을 키우는 기분마저 든다는 것입니다.

실제로 어린이집이나 유치원에서 유아들을 관찰해보면, 남자 아이들이 모두 같은 행동을 하는 것은 아니라는 걸 알 수 있습니다. 어떤 남자 아이들은 말 그대로 '남자' 같은 행동을 하죠. 뛰고, 기고, 올라가고, 또래 아이들과 뒤엉켜서 정신을 쏙 빼놓는 반면 어떤 남자 아이들은 조용하고, 선생님의 지시에 잘 따르며, 오히려 여자 아이들과 더 잘 어울립니다. 그렇다면 전형적인 남성성을 보이는 아들과 그렇지 않은 아들의 차이는 무엇일까요? 덜 남성적인 아들은 전형적인 아들과는 다른 행동을 보이는 만큼 뇌의 특성도 다른 것일까요?

결론부터 말하자면 덜 개구쟁이 같고 덜 공격적이며 덜 산만한 것 같아도 아들은 아들입니다. 겉으로는 남성적인 행동이 표출되지 않아도 아들의 뇌가 가지는 구조와 특성을 가지고 있기 때문에 다른 방식으로 남성성이 나타날 수 있다는 말이지요. 예를 들면 이런 것입니다. 공격적인 행동이나 말을 하지 않는 아들이라고 해도 인형보다는 자동차, 공룡, 블록 등을 더 좋아하고 더 오래 가지고 논다면 아들의 뇌를 가지고 있는 것이죠. 이러한 아들의 뇌가 가지는 특성은 매우 어린 시기부터 나타나는데요. 그 이유는 아들의 뇌가 갖는 구조와 특성이 딸의 뇌와는 전혀 다르기 때문입니다.

책을 읽지 못하는 이유

아들의 뇌와 딸의 뇌가 확연하게 다른 이유는 두 가지로 볼 수 있는데, 첫 번째는 뇌량의 차이입니다. 뇌량은 우뇌와 좌뇌를 연결하는 통로 역할을 하는 신경세포 다발이며, 우뇌의 정보와 좌뇌의 정보를 교환하는 다리 역할을 한다는 것을 앞서 말씀드렸었는데요. 아들과 딸의 뇌량 차이를 밝힌 대표적인 연구자가 바로 UCLA 대학교의 뇌 과학자인 로리 앨런Laurie Allen 박사입니다. 앨런 박사는 엑스레이를 통해 남성과 여성의 뇌 구조를 살펴보았는데, 남성의 뇌량이 여성

뇌량의 3분의 1 정도밖에 되지 않았습니다. 이 때문에 대체로 아들이 딸보다 읽기 능력의 발달이 늦되는 편인데요. 좌뇌에서는 한글이라는 기호를 인식하고 이해하는 역할을 하며, 우뇌에서는 한글의 상징을 소리로 구성하여 맞추는 역할을 담당하게 됩니다. 이 두 역할이 합해져서 읽기 능력이 나타나는데, 뇌량이 작은 아들은 딸보다 좌뇌와 우뇌의 정보를 주고받아 처리하는 속도가 느리기 때문에 읽기가 더디게 나타나는 것입니다.

뇌량의 차이는 공감 능력과도 관련이 있는데요. 보통 다른 사람들의 표정을 보고 그 사람의 감정을 파악하곤 하는데, 우뇌에서는 감정을 느끼는 역할을 하며 좌뇌에서는 그 감정에 이름을 붙이고 이해하는 역할을 하거든요. 딸은 뇌량이 크기 때문에 다른 사람의 감정을 느끼고 재빨리 감정에 이름을 붙여 그 사람의 마음 상태를 이해하는 일이 수월합니다. 반면 아들은 다른 사람의 감정이 무엇인지는 느끼지만, 그것에 이름 붙이고 이해하는 데까지는 시간이 오래 걸립니다. 따라서 한마디로 눈치가 없는 행동을 하게 될 수도 있습니다.

좌뇌와 우뇌를 사용하는 방식에서도 아들의 뇌와 딸의 뇌는 다릅니다. 펜실베이니아 대학교의 뇌 과학자 루빈 거 박사는 뇌 스캔 방법을 이용하여 남성과 여성의 뇌 사용방식이 어떻게 다른지 알아보았습니다.

간단한 퍼즐부터 입체적으로 공간을 상상해서 디자인을 설계해야 하는 활동까지 난이도에 따라 뇌가 활성화되는 영역이 어디인지, 어느 정도 활성화되는지를 살펴보았는데 여성의 경우 난이도와 관계

없이 뇌의 활성화가 거의 비슷하게 이루어졌지만 남성의 경우는 난이도에 따라 활성화가 다르게 나타났습니다. 어려운 문제를 해결해야 하는 경우 더욱 활성화되었으며, 주로 우뇌에서 이를 다루고 있었습니다. 즉 아들은 공간과 관련된 문제를 보다 잘 해결할 수 있는 우뇌가 우세함을 알 수 있었습니다.

남자와 테스토스테론

어린아이라고 해도 아들의 뇌에서는 남성 호르몬인 테스토스테론이 분비되는데요. 테스토스테론은 공격성, 새로운 것에 대한 호기심, 모험심을 불러일으킵니다. 게다가 아들은 마음을 편안하게 하고 안정적으로 만들어주는 세로토닌의 양이 적게 나타나는 데다가 욕구를 강하게 느끼는 시상하부가 큽니다.

자, 이제 상상해보세요. 마트에서 장난감을 사달라고 떼를 쓰는 대여섯 살 정도 되는 아들의 머릿속에서는 어떤 일이 벌어지고 있는 것일까요? 시상하부가 큰 아들의 뇌에서 강력한 욕구를 느끼면 아들은 이를 충족하려고 무척 애를 씁니다. 이때 이를 제지하려고 하면 테스토스테론이 불끈 솟아나와 공격적인 대응을 하게 만들어버리죠. 불행하게도 마음을 평화롭게 해주는 세로토닌 분비도 적어서 이런 공격적인 행동이 가라앉기까지 오랜 시간이 필요합니다.

물론 모든 아들의 뇌에서 동일한 정도의 테스토스테론이 분비되는 것은 아닙니다. 부모의 유전적 영향으로 테스토스테론이 많이 분비될 수도 있고, 또래 아이들에 비해 적을 수도 있는데요. 그 분비되는 양에 따라 겉으로 나타나는 아들의 행동이 달라 보이는 것입니다.

그밖에 테스토스테론은 아들의 뇌에 어떤 영향을 줄까요? 남녀 뇌의 차이에 대해 오랜 시간을 연구해온 영국의 앤 무어와 데이비드 제슬은 여성에게 테스토스테론을 주입하였을 때 나타나는 변화를 관찰하여 테스토스테론이 행동을 어떻게 바꾸는지를 알아냈습니다. 테스토스테론이 여성의 뇌에 흐르자 여성들은 무슨 일이든지 즉시, 빠르게 일을 처리하려고 하며, 일을 해결하기 위해 위험한 행동도 감행했습니다. 그리고 힘이 많이 들지만 빠르게 일을 처리하고 쉴 수 있는 방법과 시간이 많이 걸려도 힘이 덜 드는 방법 중에 한 가지를 선택하게 했을 때 신체적으로 힘이 들어도 긴장하고 집중해서 일을 해결하고 쉬는 방법을 훨씬 더 좋아하는 것으로 나타났습니다. 실제로 감각 실험을 해보면, 남성들은 강한 고통을 여성보다 잘 버티지만, 중간 정도의 고통을 오래 견뎌야 하는 상황은 힘들어했습니다. 반대로 여성들은 강한 고통은 견디지 못해도 고통을 오래 견뎌야 할 때에는 훨씬 잘 이겨내는 것으로 나타났습니다. 결국 아들의 뇌는 테스토스테론의 영향으로 공격적이고 성급한 행동을 이끌어내게 되는 것으로 볼 수 있습니다.

가만히 좀 있어, 제발!

아들의 뇌가 가지는 특성은 매우 어린 시기부터 행동으로 표출되는데요. 인간은 뇌에서 모든 행동, 사고, 감정 등을 처리하고 통제하기 때문에 아들 역시 아들 뇌가 가지고 있는 특성 즉, 뇌량이 작고 시상하부가 크며 테스토스테론이 분비된다는 특성에 의해서 행동하게 됩니다.

공간이 필요해

"야! 여기까지는 내 땅이야."
"이만큼은 내 거야."

유치원이나 어린이집에서 자주 목격하게 되는 광경 중 하나입니다. 이런 모습을 보면 어른들은 으레 "남자 애들은 참 어쩔 수가 없어!"라고 말하거나 아이를 버릇없이 키우는 부모의 양육 태도를 비난하곤 합니다.

물론 부모가 지나치게 허용적으로 양육하여서 나타나는 행동일 수도 있습니다만 양육 태도와는 별개로 대부분의 아들들이 이런 행동을 합니다. 그것은 바로 넓은 공간을 선호하고 공간을 입체적으로 잘 처리하는 능력을 담당하는 우뇌와 관련이 있기 때문이지요. 그래서인지 밖으로 나가지 못하고 좁은 공간에서 오랫동안 지내게 되면 아들은 집 안을 완전히 난장판으로 만들어놓습니다. 우뇌 발달로 넓은 시야를 가지고 있어서 오밀조밀하게 정리하는 것보다 집 전체를 마구 헤집어놓기 일쑤인 건데요. 넓은 공간을 좋아하는 데는 우뇌의 발달뿐만 아니라 테스토스테론도 한몫합니다. 테스토스테론은 기본적으로 에너지와 공격성을 담고 있기 때문에 테스토스테론이 분비되는 아들을 집 안에 가둬놓고 꼼짝 못하게 하는 것은 테스토스테론의 폭발력을 심각하게 키우는 것임을 알아두시기 바랍니다.

사람보다 사물

영유아들을 대상으로 한 시각 실험에서 여자 아이들은 사람의 얼굴을 더 오랫동안 쳐다보는 경향이 있지만, 남자 아이들은 모빌이나 장난감 등을 더 오래 쳐다보는 것으로 나타났습니다. 아들이 사람보다 사물을 좋아하는 이유 역시 테스토스테론 때문인데요. 미국 댈러스 대학교의 존 샌트록John Santrock 교수는 잦은 유산으로 고통을 겪고 있는 산모들을 치료하기 위해서 여성들에게 테스토스테론을 주사했습니다. 샌트록 교수는 출산한 아이들의 건강 상태를 점검하기 위해서 지속적으로 검사를 실시했고, 흥미로운 결과를 발견했습니다. 임신 중에 테스토스테론 주사를 맞고 태어난 여자 아이들은 그렇지 않은 아이들에 비해서 훨씬 더 활동적이고 총, 자동차 등과 같은 장난감을 좋아했으며 외모에 별 관심을 보이지 않았습니다. 테스토스테론 주사를 맞고 태어난 남자 아이들 역시 훨씬 더 산만하고 공격적이며 사물을 좋아하고 훨씬 더 거친 놀이를 즐기는 것으로 나타났습니다.

· SUMMARY ·

· 아들의 뇌는 테스토스테론의 영향으로 여성들과 완전히 다른 행동을 보이며, 이러한 차이는 매우 어린 시기부터 나타난다.
· 유아기 아들은 넓은 공간을 원하고, 사람보다는 사물을 훨씬 좋아한다.

아들, 본디 약한 존재랍니다

아들을 키우는 부모들 대부분은 '아들이니까 씩씩하게 키워야지!'라고 생각하는 경향이 강하다. 그러나 실제로는 어떨까?

유전학적인 관점에서 아들은 딸보다 훨씬 약한 존재다. 난자와 정자가 결합되는 순간부터 딸보다 아들이 생존하여 태어날 가능성이 훨씬 낮다. 뿐만 아니라 유전적인 질병이나 정신적 결함을 앓는 경우도 아들이 딸보다 세 배나 높다. 그 이유는 무엇일까?

바로 성염색체 때문이다. 남성의 성염색체는 XY이고, 여성의 성염색체는 XX이므로 남성의 성염색체는 여성의 성염색체보다 유전적인 결함을 가지기 쉽다. 만약 어떤 질병에 걸릴 수 있는 가능성이 매우 높은 유전인자가 X 염색체 속에 담겨 있다면, 여성은 다른 X 염색체가 있기 때문에 이를 대체할 수 있다. 그러나 남성의 경우는 X 염색체와 Y 염색체 중 하나에만 질병의 위험이 있는 유전인자가 담겨 있어도 그것을 대신할 만한 건강한 다른 염색체가 없기 때문에 질병으로 나타날 수밖에 없는 것이다.

이런 영향으로 현재까지 나타난 많은 질병들, 예를 들면 자폐증, 주의력결핍 과잉행동장애 등에서 남자 아이들이 여자 아이들보다 세 배나 높은 비율을 보이고 있다.

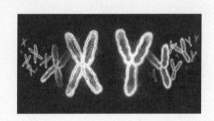

애착의 중요성

여기, 넘어져서 울고 있는 아이가 있습니다. 아이가 만약 딸이라면 부모가 울고 있는 아이를 향해서 어떤 반응을 보일까요? 대부분 아이를 안아주고 달래주면서 울음을 그치도록 할 테죠. 반대로 아이가 아들이라면 부모는 어떤 반응을 보일까요? 과연 딸에게 보인 반응과 같은 행동을 할까요?

아마도 대다수의 아들 가진 엄마들의 반응은 이렇지 않을까 싶습니다.

"남자가 돼가지고 씩씩하게 일어서야지!"

"사내가 그깟 일로 울면 되겠어? 얼른 일어나!"

많은 부모가 아들은 강하고 씩씩해야 하며 쉽게 눈물을 보여서는 안 된다고 생각하고, 감정을 배제하거나 아들에 대한 애정을 표현하는 것을 자제하면서 키우고, 그렇게 아들을 가르칩니다. 그런데 생각해보면, 울고 있는 아들 역시 어린아이일 뿐인걸요. 남자는 어떻게 행동해야 하고 어떤 생각을 해야 하는지 학습하지 않은 백지와 같은 상태의 미성숙한 존재일 뿐이죠. 아들도 딸과 마찬가지로 사랑과 돌봄을 받고 싶어 합니다. 또 꼭 필요한 일이기도 하고요. 특히 부모와 자녀 사이의 감정적인 친밀감과 강한 정서적인 유대감인 애착 형성은 성별에 상관없이 중요합니다. 아기가 세상에 태어나서 만나게 되는 첫 인간관계 대상이 바로 부모이며, 첫 번째 인간관계를 어떻게 맺었는가가 평생 다른 사람과의 관계를 형성하는 데 영향을 미치기 때문이에요.

헝겊 엄마가 좋아요

애착은 어떻게 만들어질까요? 아기들은 스스로 살아갈 수 있는 능력이나 힘이 없기 때문에 누군가의 도움이 필요합니다. 배가 고플 때, 기저귀가 젖어서 불편할 때, 잠투정이 날 때 아기는 도와달라는 표현으로 울음을 터뜨립니다. 그러면 엄마 아빠가 아기에게 필요한 것이 무엇인지 살펴서 울음을 그치도록 도와주죠. 아기는 문제가 해결되면 부모를 향해 미소를 보이고 매달리거나 안겨서 편안한 표정을 짓곤 합니다. 이렇게 아기는 부모와 소통하며 위안을 받고 기쁨, 슬픔 등의 감정을 표현하게 되는데요. 이런 과정을 거치면서 아기와 부모 사이에 애착이 형성되어 갑니다. 이러한 애착이 후천적으로 만들어지는 것처럼 느낄 수 있지만 동물행동학자들의 견해에 따르면 이미 선천적으로 우리의 유전자에 프로그램화되어 있는 행동이라고 합니다.

애착을 연구한 대표적인 학자로 볼비Bowlby가 있습니다. 의사이자 정신분석적 치료를 실시한 볼비는 고아원에서 성장한 아이들이 다른 사람과 친밀하게 지내지 못하고 다른 사람들의 공감도 얻지 못하는 등 정서적으로 불안정하다는 것을 발견했습니다. 볼비는 오랜 시간 아이들을 관찰하고 치료하면서 아이들이 겪는 문제가 왜 발생했는지를 알아보고자 노력했습니다. 그는 생애 초기에 부모와 애정적인 관계를 맺을 기회가 없었기 때문에 아이들이 정상적인 애착을 형성하지 못했다는 것에 주목했습니다. 갓난아기 때부터 고아원에 들어오게 된 아이일수록 이런 문제가 더 심각하게 나타났죠. 아무리 좋은 음식과 편안한 잠자리를 제공한다고 해도 친밀하게 애착관계를 맺을 만한 지속적인 양육자가 없다면 정서적인 문제가 발생한다는 것을 알아챈 것입니다.

실제로 미국 위스콘신 대학교의 해리 할로우Harry Harlow 교수가 이를 입증했습니다. 그는 원숭이 새끼를 어미와 격리하고 원숭이 모양의 인형 두 개를 만들어 하나는 포근한 천으로 감싸서 '헝겊 엄마'로 만들고, 나머지 하나에는 철사를 휘감아 '철사 엄마'를 만들었습니다. 그리고 이 인형들에 젖병을 붙여놓고 원숭이 새끼가 젖을 먹도록 했는데요. 놀랍게도 어떤 원숭이든 간에 헝겊 엄마를 더 좋아했습니다. 심지어 헝겊 엄마에게 젖병을 떼어 놓아도 원숭이 새끼는 헝겊 엄마에게 몸은 매달린 채 철사 엄마에게 붙어 있는 젖병의 젖만 물기도 하였고, 젖 먹는 시간에만 철사 엄마에게 가고 나머지 시간은 헝겊 엄마에게 매달려 있기도 했습니다.

낯설고 무서운 소리를 들려주거나 물건을 보여주면 원숭이 새끼는 헝겊 엄마에게 도망가서 두려움이 없어질 때까지 붙어서 떨어질 줄 몰랐습니다. 흥미로운 것은 철사 엄마하고만 생활한 원숭이 새끼의 모습이었는데요. 무서움을 느끼는 상황 속에서도 원숭이 새끼는 철사 엄마에게 매달리지 않았다는 것이었습니다.

이러한 원숭이 실험에서 우리가 반드시 기억할 것이 있습니다. 바로 아기와 엄마와의 접촉이 배고픔보다 중요하다는 것입니다. 원숭이 새끼에게 배고픔이 더 중요했다면 철사 엄마 근처를 벗어나지 않아야 합니다. 그러나 원숭이 새끼는 보드랍고 따뜻한 느낌의 헝겊 엄마를 더 좋아했습니다. 한 번도 훈련받은 적이 없는데도 말이죠.

원숭이 새끼도 이런데 사람은 오죽할까요. 아기가 세상에 태어나서 처음으로 맺는 인간관계가 바로 부모고, 미성숙하고 어린 자신을 돌봐주고 안아주고 사랑해주는 부모에게 아기는 의지하고 의존할 수밖에 없잖아요. 그런 보호 속에서 아기는 마음이 안정되고 편안해지며 두려울 것이 없어지게 되거든요. 그렇게 친밀한 애착관계가 만들어질 수 있도록 애정과 관심을 줘야 한다는 것입니다.

친밀할수록 똑똑해진다

이제까지 애착에 대해 길게 이야기한 이유는, 애착이 뇌에 미치는 영향이 무척 크기 때문입니다. 아기와 부모 사이의 친밀한 애착을 통해 가장 큰 혜택을 받는 것이 바로 뇌이기 때문이지요. 부모가 아이를 쓰다듬고 어루만지는 스킨십이 뇌에 그대로 전달되어 정서적인 안정뿐만 아니라 기억력 증진에도 직접적인 영향을 미치거든요.

일본 교토 대학교의 묘와 마사코 교수가 이를 입증했는데, 그는 아기의 머리에 모자와 같이 생긴 장치를 씌우고 다양한 자극을 아기에게 주었을 때 뇌파와 뇌 활성도가 어떻게 달라지는지를 측정했습니다. 이 중에서 아기 뇌 전체가 활발히 움직이는 것은 바로 엄마가 만져주고 쓰다듬어주었을 때 즉, 촉각 자극을 주었을 때인 것으로 나타났습니다. 엄마의 애착 행동이 주어졌을 때 언어 능력을 통제하는 측두엽, 운동 능력을 담당하는 두정엽, 감정 발생 장소인 변연계 등 뇌 전체가 활발하게 움직였던 것입니다.

애착 행동이 아기의 언어 발달에 영향을 미친다는 연구도 있습니다. 코넬 대학교의 마이클 골드스타인Michael Goldstein 박사는 아기가 옹알이를 할 때 엄마가 언어적으로 같이 반응을 보일 때와 엄마가 쓰다듬어주면서 얼러주었을 때의 차이를 알아보았습니다. 엄마가 언어적으로만 반응했을 때 아기들은 10분에 25회 정도의 옹알이를 하였고, 엄마가 애착 행동을 하면서 반응을 보였을 때 무려 55회 정도의 옹알이를 했습니다. 엄마의 애착 행동이 아기의 언어 발달에 어떤 영향을 미치는지 분명하게 보여주는 연구라고 할 수 있겠습니다.

딸에 비해서 언어 발달의 속도가 현저하게 떨어지는 아들의 뇌가 좀 더 언어 능력을 갖추도록 하기 위해서는 어린 시기부터 아들을 많이 안아주고 쓰다듬고 보듬어주는 애착 행동이 필요합니다.

피부 접촉과 같은 애착 행동이 뇌 발달을 촉진하는 이유는 무엇일까요? 우리의 피부에는 촉각 신경섬유가 있는데, 엄마가 아기를 쓰다듬고 안아줄 때 촉각 신경섬유가 가장 활성화됩니다. 이렇게 피부에 자극을 받은 상태가 뇌에 그대로 전달되면 뇌의 시상하부에서는 엔도르핀이 분비되고, 뇌하수체에서는 옥시토신이 분비되는데 이러한 신경전달물질은 모두 마음을 안정되게 만들고 행복감을 느끼게 하는 역할을 하는 것들이에요. 부모와의 친밀한 스킨십을 통해 마음의 평화를 느끼는 것이죠.

아기는 엄마가 만져주고 쓰다듬어 줄 때 마음이 편안해지고 행복해지기 때문에 엄마를 계속 찾게 됩니다. 이때 아기와 엄마의 스킨십은 단순히 접촉이 아니라 접촉 위안contact comfort이 됩니다. 달리 말해 엄마와의 직접적인 접촉을 통해 마음이 안정되고 위안을 얻게 되는 것이죠.

아들의 뇌가 언어 능력, 기억 능력을 갖추기를 원한다면 접촉 위안이 필요합니다. "남자는 강해야 돼", "남자는 감정에 휘둘리면 안 돼"라고 말하며 딸보다 덜 안아주고 덜 접촉하기보다는 만져주고 쓰다듬어주면서 접촉 위안을 제공하여 마음의 안정을 주고 이를 바탕으로 지적으로 발달할 수 있도록 돕는 것이 부모의 역할입니다.

· SUMMARY ·

· 아들과 부모의 친밀하고 애정적인 관계 형성을 애착이라고 하며 애착 관계가
  잘 형성된 아들은 정서, 인지, 인성 발달이 잘 이루어진다.
· 접촉 위안과 같은 부모의 애착 행동은 아들의 정서를 안정시키고 기억을 담당
  하는 해마를 발달시키며 언어 능력을 향상시킨다.

우리 아들은 어떤 애착 유형일까?

아들과 엄마가 상호작용하면서 애착 관계가 형성되는데, 그 안에도 유형이 있다. 이를 처음 밝힌 사람이 미국의 심리학자인 에인스워드Ainsworth로 총 네 가지의 애착 유형을 소개했다. 아들의 행동을 통해 아들과 엄마 간에 어떤 애착 유형이 형성되어 있는지 생각해보자.

1. 안정 애착형

- 매우 건강한 애착 유형으로서 낯선 상황에서도 엄마가 곁에 있으면 엄마와 쉽게 떨어져 주위를 탐색한다.
- 낯선 사람이 나타나면 불안한 모습을 보이며 낯선 사람보다 엄마에게 분명하고 확실한 반응과 관심을 보인다.
- 엄마가 나갔다가 돌아오면 반갑게 맞이하고 안심을 한다. 이후 엄마에게 안기는 등 신체적인 접촉을 통한 안정감을 얻는다.

2. 회피 애착형

- 엄마가 곁에 있건 없건 간에 별다른 반응을 보이지 않는다. 엄마와 거의 접촉을 하지 않으며, 엄마가 주변에 있는지 살펴보지 않는다. 혼자 있을 때 낯선 사람이 있어도 별로 불안해 보이지 않는다.
- 엄마가 나갔다가 돌아왔을 때 별 반응이나 관심을 보이지 않는다.
- 엄마가 다가가려고 하면 다른 방향으로 몸을 돌리거나 피한다.

3. 저항 애착형

- 낯선 장소에서는 엄마와 같이 있다고 하더라도 불안의 강도가 심하게 보이며 재미있는 장난감을 봐도 탐색하려고 하지 않는다.
- 또래에 비해 화를 잘 내고 엄마와 떨어지지 않으려고 하면서 수동적으로 행동한다.

- 엄마가 사라지면 심하게 불안해하고 때로는 울면서 화를 내고 낯선 사람을 발로 차려고 하며 바닥에 엎드려 엉엉 울기도 한다.
- 엄마가 나갔다가 돌아오면 엄마에게 안겨서도 쉽게 안정이 되지 않고 분노를 표현하며 엄마를 때리고 밀어내는 양면성을 보인다. 엄마에게서 더욱 떨어지지 않으려고 하고 장난감에도 관심을 보이지 않는다.

4. 혼란 애착형

- 회피 애착과 저항 애착이 결합된 형태지만 회피 애착형이나 저항 애착형 중 어느 한쪽에도 포함되지 않는 유형이다.
- 낯선 상황에서 극도로 불안해하고 엄마가 사라졌다가 돌아오면 상반된 행동을 동시에 보이거나 잇달아 보인다. 예를 들어 매우 강한 분노를 표현한 뒤 갑자기 엄마를 회피하거나 냉담하게 대하는 식이다. 또한 엄마가 돌아왔을 때 엄마에게서 떨어지지 않으려는 행동을 보이다가 갑자기 얼어붙은 표정으로 엄마를 바라보고 엄마가 안아줘도 아무 반응을 보이지 않기도 한다.

안정 애착형 이외에 세 가지 애착 유형은 모두 불안정 애착이라고 볼 수 있다. 그렇다면 애착 유형은 어떻게 형성될까? 애착 유형은 엄마와 아들의 상호작용의 질에 따라 형성되지만, 아들의 기질이나 엄마의 양육 태도가 영향을 주기도 한다.

무엇보다 중요한 것은 한 번 형성된 애착 유형은 쉽게 변하지 않으며 다음 세대로 전달된다는 것이다. 이전 세대의 엄마와 자녀 즉, 할머니와 엄마 간에 형성된 애착 유형이 지금 엄마와 아들의 애착 유형에 영향을 줄 수 있다는 뜻이다. 아들과 엄마가 안정 애착형을 형성하지 못하면 아들이 나중에 부모가 되었을 때에 자신이 보고 배운대로 자녀에게 애착 행동을 반복하게 되기 때문이다. 따라서 부모에게 학대받거나 부모의 무관심과 냉담함 속에서 성장한 아들은 자신이 맺은 애착 유형의 방식대로 똑같이 자신의 아이들에게도 반복하게 될 수 있다

chapter
04

아들 키우는 엄마는
왜 목소리가 클까?

결혼 전에 자주 만나 수다를 떨었던 후배를 7~8년 만에 다시 만나게 됐습니다. 결혼하면서 아이를 낳고 직장 생활까지 하느라 서로 챙겨 만날 새가 없었죠. 오랜만에 만나서인지 후배가 많이 달라보였는데요. 예전과 달리 시원시원하다는 표현을 넘어서 약간은 공격적인 반응을 보이기도 했고, 이야기할 때 손짓이나 몸짓도 커진 것 같았습니다. 무엇보다 가장 큰 변화는 목소리였어요. 예전에는 다소 나긋나긋할 정도라고 느꼈던 후배의 목소리와 톤이 한참이나 올라가 있었던 것이죠.

"야아, 너 많이 달라진 것 같다. 근데, 왜 그렇게 크게 말하니?"
"어, 그랬어요? 선배, 나 만날 이러고 살아. 사내놈들 키우다 보면 이렇게 될 수밖에 없다니까요!"

아들 둘을 연년생으로 낳아 육아를 하다 보니 큰 소리 정도가 아니라 거의 고함을 지를 때가 한두 번이 아니라는 것이 후배의 말이었습니다.

정말 아들을 키우다 보면 목소리가 커지는 게 너무도 당연한 일일까요? 보통 양육에 있어서 아빠보다 엄마가 더 많은 시간과 노력을 할애하는 경우가 많잖아요. 엄마가 아들과 보내는 시간도 많고 맞닥뜨리게 되는 상황도 자주 발생하다 보니 아들의 성향과 기질에 따라 엄마도 변하는 것이라고 생각했습니다. 그렇다면 아들 키우는 엄마들이 유독 목소리가 커지게 되는 구체적인 이유는 무엇일까요?

도통 말을 듣지 않아요

엄마는 아들의 행동에 당황스러울 때가 많습니다. 엄마의 생각으로는 도저히 이해할 수 없는 행동을 해서 놀라게 하는 경우도 자주 발생하고 말이죠. 이렇게 어린 시기부터 엄마가 아들에게 당황하는 이유는 바로 엄마는 여성의 뇌를 가졌고, 아들은 남성의 뇌를 가졌기 때문입니다. '자식이면 다 똑같지, 뭐가 그렇게 다르겠어'라고 생각할수도 있지만, 확실히 엄마의 입장에서는 아들의 행동이 이해되지 않을 때가 많은 게 사실입니다.

커플 혹은 부부 사이에 말다툼이 일어나게 되는 이유 중 하나가

'남자 친구 혹은 남편이 여자 친구 혹은 아내의 말을 제대로 듣지 않는다'는 것입니다. 자신이 하는 말을 건성으로 듣고 있다고 느껴지거나 방금 전에 말한 내용도 기억하지 못할 때 여자 친구 혹은 아내는 '내 말을 무시하나'라는 생각이 드는 거죠. 엄마와 아들도 마찬가지입니다.

엄마가 아들에게 똑같은 말을 몇 번이나 반복했는데도 꿈쩍도 하지 않거나 여러 번 불러도 대답 없을 때 엄마의 목소리는 점점 커지고 결국은 고함을 치고 화를 내게 됩니다. 남편과 부인, 남자 친구와 여자 친구, 아들과 엄마, 모두 같은 이유로 싸우게 되는 셈인데요. 이유는 하나! 바로 '남성이 제대로 듣지 않는다'는 것입니다.

언어 능력과 관련된 남성과 여성의 뇌 활성화 차이를 연구한 샐리 세이비츠Sally Shaywitz를 예로 들어보겠습니다. 언어 과제에 따라 남성과 여성의 뇌 사용 정도와 활성화 정도를 알아보았더니, 언어 과제가 글 속에 담긴 단어의 의미를 찾는 것일 때는 남성과 여성의 뇌 활성화는 차이가 없는 것으로 나타났어요. 그런데 말하는 것을 듣고 그 속에 담긴 의미를 파악하는 과제를 실시했을 때 남성은 왼쪽 뇌만 활성화되는 것으로 나타났고, 여성은 양쪽 뇌가 모두 활성화되었죠. 즉, 남성은 누군가가 말하는 것을 들을 때는 한쪽 뇌만 가지고 듣고 이해하고 기억하지만, 여성은 다른 사람의 말을 들을 때 양쪽 뇌를 모두 사용해서 듣고 이해하고 기억한다고 볼 수 있는 것입니다. 한쪽 귀만 사용하는 사람과 양쪽 귀를 모두 사용하는 사람 중 누가 더 많은 이야기를 들을 수 있을까요? 당연히 양쪽 귀를 모두 사용하는 여성이겠지요.

이것은 엄마와 아들의 뇌에서도 똑같이 적용됩니다. 아들은 한쪽 뇌만 사용해서 다른 사람의 말을 듣고 이해하기 때문에 엄마가 하는 말의 절반도 듣지 못해요. 아들이 놀이를 하느라 집중할 때에는 그나마 한쪽 뇌도 제대로 작동하지 않는 경우가 많고요. 이런 현상은 아들이 어린 시기부터 흔히 관찰할 수 있습니다.

"왜 엄마가 부르는데 대답도 안 해?"
"엄마가 이거 빨리 하라고 했잖아, 엄마 말이 말 같지 않아?"

그러나 오해 마세요. 아들은 절대로 엄마를 무시해서 그러는 것이 아닙니다. 듣고도 모른 척하고 있는 것이 아니라는 뜻이에요. 그저 아들의 뇌는 어릴 때부터 다른 사람들의 말이나 소음을 한쪽 뇌와 한쪽 귀만 사용해서 듣기 때문에 여성인 엄마처럼 잘 듣지 못하는 것 뿐입니다.

발달심리학에서는 태어난 지 몇 시간 되지 않은 여자 아기와 남자 아기의 차이에도 주목하고 있습니다. 손과 손가락의 민감성을 측정해보았을 때 여자 아기는 남자 아기보다 두 배나 예민한 것으로 나타났습니다. 소리에 대해서도 여자 아기는 상당히 민감하며 특히 고통, 불편함을 나타내는 소리를 들으면 어쩔 줄 몰라 하는 모습을 보이지만, 남자 아기들은 여자 아기들에게 들려준 소리에 거의 반응을 보이지 않았습니다.

이러한 차이를 누가 가르친 적이 있냐고요? 그럴 리가요. 남자의 뇌를 가진 아들은 여자의 뇌를 가진 엄마보다 소리에 둔감하고 엄마의 감정에 무디게 태어났을 뿐이에요.

입 다문 아들에 엄마는 속 터진다

엄마가 아들 때문에 답답한 경우는 다양하겠지만 그중 속이 터질 것처럼 최고로 답답함을 느낄 때가 바로 아들이 입을 다물고 있을 때일 거예요.

영유아의 감각 발달에 대한 여러 연구들을 살펴보면, 여자 아기는 태어날 때부터 다른 사람들과 눈을 마주치고 의사소통을 하는 데 관심을 보인다고 해요. 태어난 지 이틀에서 나흘 정도밖에 되지 않은 신생아들에게 어른들이 아무 말도 하지 않고 쳐다보았을 때와 말을 하면서 쳐다보았을 때 관심을 보이는 시간을 측정해봤는데요. 여자 아기들은 아무 말도 하지 않은 어른을 쳐다볼 때보다 말을 하는 어른을 쳐다보는 시간이 길었습니다.

남자 아기들은 여자 아기들보다 어른들의 얼굴을 쳐다보는 시간이 현저하게 짧았지만, 재미있는 것은 어른이 말을 하건 그렇지 않건 간에 차이가 없다는 점입니다. 이것은 남자 아기가 들리는 것보다 보이는 것에 더 초점을 맞추고 집중한다는 것을 보여주는 좋은 예입니다. 또한 남자 아기가 사람을 쳐다보는 시간이 여자 아기보다 짧다는 건 남자 아기는 사람에 대한 관심이 적음을 나타냅니다.

인간의 감정을 진화적인 관점에서 연구한 제니퍼 제임스Jennifer James는 여러 가지 감정이 뒤섞인 사람의 얼굴 사진을 보여주었을 때와 여러 사람이 얽혀서 감정적인 대립이 발생한 상황에 대한 이야기를 들려주었을 때 남성과 여성의 반응을 연구했습니다.

이때 남성들은 복잡하고 양면적인 감정, 여러 사람의 감정들이 포함된 자극을 처리하는 데 걸리는 시간이 여성보다 평균 7시간 정도 긴 것으로 나타났어요. 남성은 다른 사람들의 복잡하고 다양한 감정을 처리하는 데 서툴고 어려워한다는 것을 의미합니다. 이것은 아들의 뇌가 가지고 있는 특성, 즉 뇌량이 좁기 때문입니다. 그러다 보니 어릴 때부터 엄마의 감정적인 반응, 엄마의 질문, 또래 여자 아이들의 반응들이 부담스러워 결국 입을 다물게 되는 것입니다.

"왜 그래, 도대체?"
"엄마한테 화났어?"
"뭐 기분 나쁜 일 있어?"
"빨리 말해, 엄마 기다리고 있잖아."

위와 같은 질문은 감정을 이해하지 못한 채 어리둥절해하는 아들의 뇌를 더욱 혼란스럽게 만들 뿐입니다.

큰 소리 내지 않고 대화하는 방법

아들 둘을 키우는 친구가 어느 날 이렇게 말했습니다.

"아들 셋한테 뭐 하나 하게 하려면 소리소리 질러야 된다니까!"
"아들이 왜 셋이야? 둘이지."
"제일 큰 아들 있잖아, 남편!"

저는 이 얘기를 듣고 한참을 웃었는데요. 아들 둘과 남편까지 포
함하여 세 명의 남성과 큰 소리 내지 않고 대화를 한다는 것이 참 어
려운가 봅니다. 남편은 어른이니까 잠시 제쳐두고 아들들에게만이라
도 엄마가 소리 지르거나 여러 번 말하지 않는 방법은 진정 없는 것일
까요? 입을 꾹 다물고는 엄마의 어떤 말에도 묵묵부답으로 대항하는

아들을 보면서 속이 터질 것 같은 엄마에게 필요한 것은 과연 무엇일까요?

눈을 맞추고 짧게

아들은 방 안에서 놀고 있는데 부엌에서 엄마가 아들을 부르거나 심부름을 부탁하게 되면 아들의 십중팔구는 한 번에 알아듣지 못합니다. 아들의 뇌는 소리에만 집중하는 것에 약하니까요.

하지만 아들의 뇌는 보는 것에 강합니다. 그래서 소리만 들려주는 것보다 그림, 이미지 등의 볼거리를 함께 보여주면서 말할 때 훨씬 집중을 잘하고 빨리 알아듣습니다.

이를 검증하는 연구로 동물 실험부터 살펴보겠습니다. 여키즈 국립 영장류 연구센터에서 원숭이를 대상으로 암컷과 수컷의 차이를 알아보는 연구를 실시했는데, 매우 어린 시기부터 수컷 원숭이는 바퀴가 달린 장난감 트럭을 좋아했다고 합니다. 이런 특이한 행동 선택에 대해서 미국 듀크 대학교 신경과학과의 크리스티나 윌리엄스 Kristina Williams 교수는 수컷 원숭이는 다른 어떤 자극들보다 계속 회전하는 바퀴에 주의를 잘 집중하고 이에 집중함으로써 외부의 다른 자극들을 차단하게 된다고 설명했습니다. 다른 장난감들은 움직이지 않는 정적인 상태이지만 바퀴는 계속 움직이기 때문에 시각피질이 발달한 수컷의 시선을 사로잡은 것이죠.

이러한 특징은 원숭이뿐만 아니라 인간에게도 똑같이 적용됩니다. 이제 막 걸어다니기 시작하는 유아기의 아들도 장난감 자동차가 바퀴를 돌리며 움직일 때 완전히 매혹되어 버립니다.

시각적인 자극에 집중하는 아들의 뇌가 보이는 특징은 어른이 되어서도 계속 나타납니다. 에모리 대학교의 스테판 하만Stephan Hamann 박사는 뇌과학 실험을 통해서 이를 입증했습니다. 그는 시각적으로 매력적인 이성 사진을 남성과 여성에게 보여주며 뇌의 활성도를 촬영했는데, 여성보다 남성의 뇌가 훨씬 더 활성화되는 것으로 나타났습니다. 특히 감정의 중추인 편도체와 욕구를 느끼고 발생하게 만드는 시상과 시상하부가 상당히 활발하게 반응하였죠. 이는 남성이 여성보다 시각적인 자극에 훨씬 감정적으로 반응하는 것이라고 말할 수 있습니다. 반면에 청각적인 자극 즉 소리를 들었을 때에는 남성의 뇌에는 별다른 반응이 없었습니다.

이와 같은 연구 결과들이 의미하는 바는 아들에게는 소리보다는 시각적인 자극이 필요하다는 것입니다. 따라서 엄마가 아들에게 이야기할 것이 있다면, 보이지 않는 곳에서 소리만 지르지 말고 눈앞에서 이야기해주세요. 가급적이면 아들과 눈을 맞추고 이야기하는 것이 좋습니다. 엄마가 말하는 모습을 보면서 들을 때 아들의 뇌는 시각피질이 함께 작용하고 엄마가 말하려는 내용이 무엇인지 잘 이해하게 됩니다.

다만 엄마의 말이 너무 길지 않도록 주의해야 합니다. 말이 길어지면 청각적인 자극을 다루는 데 서툰 아들의 뇌는 이야기의 의도를 이해하지 못하게 되거든요.

아들에게 할 말이 있다면 아들과 눈을 맞추고 짧고 분명하게 말하는 편이 좋습니다.

백문이 불여일견

아들에게 무엇인가를 설명해주고 가르쳐줄 때도 시각피질을 자극하는 것이 좋습니다. 아들의 뇌는 말로만 듣는 설명을 이해하기도 기억하기도 힘들거든요. 그래서 아들의 뇌에 더 필요한 것이 바로 눈앞에서 직접 보고 만지는 체험학습과 박물관입니다. 그런데 체험학습과 박물관에 가더라도 꼭 기억해야 하는 것이 있는데요. 바로 아들의 뇌가 시각적인 자극에 완전히 빠지기 전에 설명이나 이야기를 마쳐야 한다는 것입니다.

보통 체험학습과 박물관에 가면 딸들은 조용조용 설명을 들으면서 지시에 따라 움직이지만, 아들들은 눈에 보이는 것에 쏙 빠져서 옆에서 하는 말과 설명은 그야말로 귓등으로 흘러버리고 맙니다. 딸의 뇌는 시각적인 자극과 청각적인 자극을 동시에 처리할 수 있지만 아들의 뇌는 시각적인 자극에 몰입하면 청각적인 자극에는 반응을 보이지 않거든요. 이것은 뇌량이 적기 때문이므로 아들의 뇌가 시각적인 자극이 노출되기 직전에 짧은 설명을 해주는 것이 좋습니다. 무엇인가 보기 바로 전에 들은 설명과 시각적 자극이 이어질 때 아들의 뇌가 적절하게 활성화된다는 것을 기억하세요.

인내는 달다

뚱한 표정으로 아무 말도 안하고 있는 아들을 보면 부모의 입장에서 정말 답답합니다. 이럴 때면 '이 쥐방울만 한 녀석을 때릴 수도 없고…'라는 생각이 들면서 마음을 진정시키는데요. 처음에는 살살 달래면서 아들에게 있었던 일이나 기분을 들어보려고 하지만 좀처럼 입을 열지 않을 때가 많습니다. 결국 엄마는 무시당한 것 같은 기분이 들어 버럭 소리를 지르고 맙니다.

"야! 너 엄마 말 안 들려?"

딸을 키우는 엄마들은 이 상황을 잘 이해하지 못합니다. 딸들은 삐죽거리는 표정을 짓고 있다가 엄마가 조금이라도 관심을 보이고 말 한 마디라도 건네면 알아서 술술 이야기를 풀어놓거든요. 무슨 일이 있었는지, 누가 속상하게 만들었는지, 엄마가 궁금해하는 이야기를 재잘재잘 잘도 이야기해줍니다.

이런 문제 역시 뇌의 차이 때문입니다. 상황과 사람 속에서 발생되는 감정을 잘 알아차리고 이를 언어적으로 이해하고 표현하는 데 능숙한 딸의 뇌와 감정과 언어적 이해가 따로 노는 아들의 뇌가 갖는,

아주 큰 결정적 차이죠. 이런 아들의 뇌에 딱 싫은 엄마의 행동이 바로 채근하기입니다.

입을 다문 아들에게 필요한 것은 기다려주는 것입니다. 말하기 싫으면 말하지 않아도 된다고 허용해주는 것이죠. 이때 조금 마음이 풀리면 엄마에게 꼭 말해주기로 약속하는 것이 좋습니다. 엄마에게 아들의 마음을 터놓을 수 있도록 하는 자녀와의 상호작용 방식이 유아기부터 어느 정도 형성되어야 아동기, 청소년기에도 아들은 엄마를 지지자로서 받아들일 수 있습니다.

아들이 만약 자신의 감정, 기분을 드러내는 것을 어려워하면 평소에 자주 가지고 노는 장난감들에 감정을 옮겨서 이야기로 만들어보게 하는 것도 방법입니다. 일명 역할놀이죠. "장난감 친구들도 오늘 힘든 일이 있었나봐. 이 친구들한테 무슨 일이 있었는지 이야기해볼까?"라고 말하고 장난감을 가져다주기만 해도 자녀의 말문이 터질 수 있습니다.

· SUMMARY ·

· 아들의 뇌는 한쪽 뇌만 사용해서 언어를 처리하기 때문에 다른 사람의 이야기에 잘 집중하기가 어렵다.
· 아들의 뇌는 뇌량이 좁기 때문에 정서를 표현하는 데 어려움을 겪는다.
· 아들에게 해야 할 말이 있을 때 가까이에서 서로 마주보고 이야기하는 것이 좋다.
· 아들은 시각적인 인지 능력이 뛰어나기 때문에 체험학습과 박물관을 활용하면 더욱 효과적이다.

먹는 것이 힘이다

유아기에 어떤 음식을 섭취하는지는 매우 중요합니다. 뇌 발달이 가장 활발하게 일어나는 시기거든요. 그만큼 뇌에는 양질의 에너지 공급이 필요한데요. 그것은 마치 자동차에 연료를 채우는 것과 같습니다. 엄청나게 힘 좋은 엔진을 장착한 멋진 자동차에 불량 휘발유를 넣으면 어떻게 되겠어요! 인간의 뇌도 마찬가지입니다. 고작해야 1.4kg 정도의 무게지만, 뇌는 우리 몸 전체를 통제하고 생각을 하고 감정을 느끼게 해주는 매우 중요한 존재입니다. 그야말로 인간 그 자체라고 해도 과언이 아니죠. 그래서 뇌의 무게는 전체 체중의 약 2% 정도밖에 되지 않지만 우리가 하루에 섭취하는 음식과 흡입하는 산소의 20%를 사용합니다. 게다가 한창 성장하고 있는 유아기의 아들은 뇌의 발달을 위해서도 양질의 좋은 음식을 반드시 먹어야만 합니다.

유아기 아들의 뇌에 필요한 것은 음식뿐만 아니라 놀이, 스킨십 등 다양합니다. 아들의 뇌는 시냅스의 재료가 되는 음식물을 공급받아 똑똑해지는 기초를 다지고 엄마, 아빠와 깔깔 웃어대며 뛰는 놀이를 하면서 뇌 발달을 촉진하게 됩니다. 스킨십을 통해서 안정적인 정서 상태가 되면 기분을 안정시키고 집중을 돕는 신경전달물질을 분비하게 만듭니다.

필수 성분, 3대 영양소

그렇다면 유아기 아들의 뇌에 필요한 음식은 무엇일까요? 답은 너무도 쉽고 명확한데요. 바로 '골고루'입니다. 구체적으로 말하자면 탄수화물, 지방, 단백질이라는 3대 영양소와 무기질, 비타민, 물이라는 3부 영양소를 섭취하라는 것입니다.

3대 영양소는 뇌를 움직이게 만드는 에너지원이 될 뿐만 아니라 뇌세포, 시냅스를 구성하는 성분이기 때문에 매우 중요합니다. 더군다나 한창 뇌가 발달하고 뇌세포를 연결하는 시냅스를 만들어내는 시기인 유아기에는 좋은 음식물이 정말로 중요한 역할을 하게 됩니다. 이렇게 중요한 시점에 영양분이 제대로 공급되지 않는다면 정상적인 뇌 발달에 문제가 생깁니다. 더욱 치명적인 사실은 이때 생긴 문제가 쉽게 복구되지 않는다는 것입니다. 뇌가 가장 잘 발달할 수 있는 결정적 시기는 대체로 유아기를 의미하는데요. 이때 필요한 영양분을 충분히 채워주지 않는다면 뇌는 발달하기 어려운 상태가 되어버리는 것입니다. 뇌세포는 몸의 다른 기관 세포들과는 조금 달라서 한 번 손상이 되면 절대로 복구가 되지 않기 때문에 더욱 주의해야 합니다.

그럼 유아기에 필요한 3대 영양소는 어떤 작용과 역할을 할까요? 우선 탄수화물부터 살펴봅시다. 탄수화물은 그 성분 중에서 가장 작은 단위인 포도당만이 뇌의 에너지원으로 쓰입니다. 즉 쌀, 빵, 감자 등이 소화, 분해되어서 가장 작은 형태로 남은 포도당만이 뇌에 공급되어 힘을 나게 만든다는 말입니다. 아침 식사가 중요한 이유가 바로 여기에 있습니다. 뇌는 잠을 자는 동안에도 계속 활동을 하면서 에너지를 쓰게 되는데, 밤새 에너지를 다 써버린 뇌에 새로운 에너지원을 공급해주지 않으면 뇌는 극도로 허기진 상태가 되어서 아무것도 하지 못하는 것입니다.

유아들 역시 깨어 있는 동안은 물론이고 꿈을 꾸면서도 뇌가 에너지를 쓰기 때문에 충분한 포도당을 지속적으로 채워주어야 합니다. 고기, 생선 등을 아무리 많이 먹는다 해도 어린 아들에게 포도당을 충분히 주지 않으면 아들의 뇌는 허약, 피로감, 탈수 현상과 함께 정서적으로도 불안해질 수 있습니다.

지능이 높은 사람들의 뇌를 연구해보면 뇌세포와 뇌세포를 연결하는 시냅스가 상당히 복잡하다는 것을 알 수 있습니다. 그만큼 뇌를 다양하게 사용할 수 있는 회로망들이 많이 형성되어 있다는 증거입니다. 이 뇌세포들의 회로망을 만드는 재료가 바로 단백질입니다. 생선, 고기, 달걀, 우유, 두부 등의 단백질 식품을 먹게 되면 몸의 구성 성분이자 단백질의 기본 단위인 아미노산으로 분해되고 아미노산이 뇌에 전달되면 이것을 이용하여 새로운 뇌세포의 회로망을 만들게 되는 이치죠.

뇌로 전달된 아미노산은 신경회로망의 재료뿐만 아니라 신경전달물질을 만들기도 합니다. 뇌세포 간에 정보를 주고받을 때는 신경전달물질이라는 화학 물질이 전달의 역할을 담당하며 이는 기분의 변화와 호르몬의 분비에도 영향을 미치거든요. 그러므로 단백질이 부족한 상태가 되면 뇌 발달의 저해가 일어날 뿐만 아니라 안정적이고 긍정적인 기분 상태를 유지하기 힘들어진다고 볼 수 있습니다.

마지막으로 지방은 비만 같은 성인병을 야기하는 해로운 영양소로 인식되지만 사실 뇌를 구성하는 가장 중요한 구성 성분입니다. 우리 뇌의 60% 정도는 지방으로 이루어져 있으며 우리 몸의 모든 기관 중에서 뇌가 가장 많은 지방을 포함하고 있습니다. 특히 뇌세포가 정보를 빨리 전달하도록 돕는 수초의 성장에 지방은 반드시 필요하지요.

그렇다고 해서 모든 지방이 아들의 뇌에 좋은 것은 아닙니다. 아들의 뇌에 필요한 것은 체내에서 좋은 작용을 하는 불포화지방산입니다. 뇌세포를 활성화시키고 기능을 보다 촉진시키게 만드는 작용을 하거든요. 오메가3 지방산이 다량 포함된 등푸른 생선과 우유 등의 유제품, 달걀, 견과류 등이 대표적인 불포화지방산 음식에 해당됩니다. 한창 뇌가 성장하고 있는 아들에게 필요한 3대 영양소를 골고루 먹게 하는 것이 가장 중요한 부모의 과제인 것입니다.

소홀할 수 없는 3부 영양소

3부 영양소는 무기질, 비타민, 물을 말하는데요. 뇌를 구성하는 성분은 아니지만 3부 영양소가 없다면 뇌는 물론이고 우리 몸 전체에 비상이 걸리고 맙니다.

우선 3부 영양소는 뇌가 움직이는 데 필요한 원료인 산소와 음식물의 영양소를 전달하는 역할을 합니다. 이를테면, 단백질 성분인 아미노산은 뇌에 전달되어 뇌의 인지 기능을 높이고 기분을 조절하는 신경전달물질을 만들어내는데 이때 비타민이 촉매제 역할을 하지 않으면 신경전달물질로 전환되는 데 어려움을 겪게 된다는 것이죠.

한창 성장하고 있는 유아기 아들의 몸을 위해서도 3부 영양소는 반드시 필요합니다. 무기질에 포함되는 칼슘은 인체에서 가장 큰 비율을 차지하고 있습니다. 바로 뼈와 치아를 구성하기 때문입니다. 만약 칼슘이 부족하면 성장이 더디고 뼈와 치아의 질이 떨어지며 다리가 O자나 X자 모양으로 휘어지게 됩니다. 이때 주의할 점은 인이 칼슘의 체내 흡수를 방해한다는 점입니다. 인은 햄버거, 피자, 라면, 청량음료 등의 패스트푸드와 가공식품에 다량 포함되어 있기 때문에 이런 음식은 되도록 섭취하지 않는 게 좋습니다.

한편 비타민은 우리 몸에서 불씨와 같은 역할을 합니다. 아무리 좋은 장작나무가 있다고 하더라도 불씨가 없으면 타오르지 않듯이 좋은 영양분을 제공받았다고 하더라도 비타민이 없으면 영양소들이 제대로 흡수되지 못하게 됩니다. 특히 비타민 D는 칼슘 흡수를 돕는 역할을 하는데, 비타민 D가 부족하면 골격이 단단해지지 않고 무른 상태가 되어 골격의 형태가 변할 수도 있습니다. 비타민 D는 햇빛에 다량 포함되어 있으므로 낮 시간에는 일광욕을 하거나 산책을 하는 것이 상당히 중요합니다.

물은 생명 유지를 위해서 가장 중요한 3부 영양소입니다. 사람은 음식을 먹지 않아도 물만 먹으면 30~40일 정도 생명을 유지할 수 있습니다. 하지만 물을 마시지 못하면 5~10일 내에 죽게 됩니다. 특히 영아와 유아는 몸의 75%가 물로 이루어져 있기 때문에 수분 섭취는 더욱 중요합니다. 물이 부족하면 체온 조절에 문제가 생기고 영양소, 호르몬 등을 몸 구석구석 전달하지 못하므로 물을 충분히 공급해야 합니다.

소아 비만이 위험한 이유

최근 소아 비만에 대한 관심이 높아지고 있다. 많은 사람들이 '키 클 때 되면 다 빠진다'고 생각하는데, 소아 비만은 87%가 합병증으로 이어지는 심각한 질병이다.

소아 비만이 성인의 비만에 비해서 더욱 심각한 이유는 이른바 제2형 비만이기 때문이다. 성인들의 비만은 지방세포의 크기가 커진 상태이기 때문에 식사 조절과 운동으로 줄일 수 있다. 그런데 소아 비만은 지방세포 수가 늘어난 상태다. 이미 생긴 지방세포의 수를 줄이는 것은 여간 어려운 일이 아니다.

소아 비만의 원인을 보면 과식에 의한 경우가 대부분이고, 식사량이 많지 않은데 비만이라면 너무 움직임이 없는 경우라고 볼 수 있다. 가장 중요한 것은 무엇을 먹느냐인데 소아 비만아들의 공통점이 매우 어린 시기부터 달콤한 간식을 많이 섭취했다는 것이다. 또 다른 원인은 대부분 바람직하지 못한 섭식 때문이라고 볼 수 있는데 비만한 아이들은 음식을 꼭꼭 씹어서 천천히 먹지 않고 대충 삼켜버리는 경우가 많다. 또한 저영양 고열량 식품 즉 인스턴트식품, 패스트푸드를 어릴 때부터 많이 먹는다는 특징이 있다.

소아 비만은 뇌에도 치명적인 영향을 미칠 수 있다. 비만한 상태에서는 저혈당증이 종종 발생하는데, 이렇게 되면, 기억과 학습을 담당하는 뇌의 신경전달물질, 아세틸콜린acetylcholine이 만들어지는 것을 방해해 뇌 발달에 부정적인 영향을 미치게 된다.

잠이 보약이다

한창 뇌가 발달하고 있는 유아기에 음식만큼 중요한 것이 바로 잠입니다. 사실 잠을 자는 동안에도 뇌는 쉬지 않고 움직입니다. 깨어 있을 때 보고 듣고 느끼고 접했던 모든 것들을 돌이켜보면서 그것을 잘 정리해놓는다고나 할까요? 그래야만 배운 내용을 잘 꺼내 쓸 수 있게 되며, 다음 날 접하게 되는 새로운 내용을 거부감 없이 받아들일 수 있기 때문입니다.

엄마 배 속에서 평온하게 지내다가 출산과 동시에 온갖 자극을 만나게 되는 아들의 뇌는 그만큼 바쁘게 움직이게 됩니다. 그러다 보니 뇌는 피로감을 쉽게 느끼고 엄마 배 속과 완전히 다른 환경에 적응하느라 많은 잠이 필요한 것입니다.

수면 습관이 학습 능력을 좌우한다

암막으로 가려진 깜깜한 방 안에 일주일 동안 갇혀 있다가 갑자기 밖으로 나왔다고 상상해보세요. 눈부신 햇살과 온갖 소음, 음식 냄새 등이 마구 쏟아져 들어올 때 어떤 기분이 들까요? 아마 제대로 정신 차리기 어려울 것입니다. 엄마 배 속에 있다가 세상에 처음 나온 아기들도 이와 비슷하지 않을까 싶습니다.

엄청난 자극이 쏟아져 들어오는 만큼 뇌도 엄청난 속도로 발달하기 시작하는데요. 시냅스가 빠른 속도로 생성되면서 뇌의 구조도 촘촘해집니다. 뇌는 이제 생각도 하게 되고 기억도 하게 되죠. 특히 생후 2~3년 동안 뇌는 일생 중 가장 빠른 속도로 발달하면서 뇌세포 연결망 구조를 만들어냅니다. 그러다 보니 피로도 쉬이 느끼게 돼서 잠이 잘 옵니다.

보통 신생아들은 13~18시간 정도의 잠을 잔다고 알려져 있는데 생후 2~3년까지는 12시간 정도 잠을 자야 뇌가 그나마 제 기능을 갖추어 가게 됩니다. 이때의 잠이란 그냥 자는 것이 아니라 질 좋은 숙면, 렘수면을 의미합니다. 렘수면은 빠른 안구 운동Rapid Eyes Movement 수면의 약자로서 깊은 잠에 빠지면 눈꺼풀 아래의 안구가 빠르게 움직인다는 점에 착안해 붙여진 이름입니다. 렘수면 상태에서 몸은 완전히 이완되지만 뇌는 꿈을 꾸면서 전날 배운 내용들을 정리하는 작업을 합니다. 잠을 자고 있는 사람의 눈동자가 빨리 움직일 때 깨우면 꿈을 생생하게 기억하기도 합니다.

그렇다고 해서 잠자는 내내 렘수면 상태가 이어지는 건 아닙니다. 일반적으로 어른들이 하루 8시간을 잔다고 하면 4~5번 정도의 렘수면을 취하게 되는데 짧게는 20분, 길게는 1시간 정도 지속되며 중간중간 얕은 수면 상태가 유지됩니다. 얕은 수면 상태에서는 작은 소리에도 쉽게 깨어나게 되곤 하죠.

렘수면은 인간의 집중력과 학습능력에 많은 영향을 미치는데요. 전날 보고 듣고 배운 내용을 정리하고 정서를 안정적으로 만드는 활동을 해서 다음 날 새로운 내용을 잘 받아들일 수 있도록 도와주기 때문이에요. 렘수면을 제대로 하지 못한 경우에는 집중도 안 되고 마음도 불안해집니다. 벼락치기 시험공부로 밤을 새고 나서 기대만큼 결과가 나오지 않는 것도 바로 렘수면을 제대로 못했기 때문입니다.

영국의 의학 저널에 실린 수면에 관한 연구를 정리해보면, 수면이 불규칙하고 렘수면을 취하지 못했던 아이들의 읽기 능력, 수학 능력, 공간지각 능력 등이 잘 자는 아이들에 비해 현저히 떨어지는 것으로 나타났습니다. 또한 미국과 캐나다 유아들의 수면 연구에서도 3세 이전에 수면 시간이 10시간 미만이었던 아이들이 주의력 장애로 고생하고 언어습득 능력, 읽기 능력 등이 떨어졌다고 보고되었습니다.

그 반대의 경우로 우리나라에서 최근에 매우 흥미로운 연구를 진행했는데요. 서울대 의대 연구팀의 연구에 따르면, 충분히 잠을 잔 남자 유아들은 잠을 덜 잔 남자 아이들보다 IQ가 높았습니다. 만 6세 유아 538명을 대상으로 조사해보니 하루 수면 시간이 8시간 이하인 남자 아이들보다 10시간 이상 잔 남자 아이들의 평균 IQ가 10점 정도 높았고, 언어 이해 능력도 높은 것으로 나타났습니다.

이와 유사하게 일본 토호쿠 대학교 뇌과학 연구팀에서는 2008년부터 4년 동안 5~18세의 유아, 아동, 청소년 290명을 대상으로 수면 시간과 기억 장치인 해마의 발달 양상을 조사했습니다. 그 결과 10시간 정도의 잠을 잔 아이들은 그렇지 않은 아이들에 비해서 해마가 10% 정도 큰 것으로 나타났습니다. 또한 아동이나 청소년의 경우에도 마찬가지였어요. 자신의 나이에 적합한 충분한 수면을 취한 아이들이 그렇지 못한 아이들보다 해마가 컸던 것입니다.

해마는 감정 뇌인 변연계에 포함되어 있는데 뇌로 들어오는 엄청난 양의 정보들을 걸러내서 이성 뇌인 대뇌피질로 연결하는 역할을 담당하는 기관이잖아요. 즉 해마가 있기 때문에 우리는 학습한 많은 내용을 잊어버리지 않게 되는 것입니다. 그러므로 해마가 커졌다는 것은 기억할 수 있는 내용도 그만큼 많아졌다고 보는 것이죠.

결과적으로 3세 이전의 수면은 그 이후의 삶에 지대한 영향을 끼치는 강력한 영양제라고 할 수 있는 것입니다.

미래를 위한 수면 습관 만들기

일반적으로 기질이 활발하고 활동적인 아들은 유아라 하더라도 내성적이고 얌전한 아들에 비해 잠을 적게 자는 편입니다. 활발한 아들은 피곤한 것도 모르고 놀다가 갑자기 기진맥진해지기 일쑤죠. 그러므로 아들이 아무리 잘 놀고 있다고 하더라도 적당한 타이밍에 쉴 수 있도록 지도하는 게 좋습니다. 유아는 스스로의 몸 상태를 통제하지 못하기 때문입니다.

일반적으로 3세 정도까지는 11~12시간, 7세까지는 10시간 정도의 수면이 필요한데요. 5~6세까지는 짧은 낮잠도 뇌 발달에 도움이 됩니다.

유아들에게도 수면 문제가 나타나는데 이것을 정확하게 파악하고 바람직한 수면 습관을 만들어줘야 아들의 뇌 발달에도 지장이 없습니다. 수면 문제의 대부분은 자다가 중간에 깨서 칭얼대거나 다시 잠을 자려고 하지 않는 행동들입니다. 근본적인 해결책은 문제가 되는 상황을 제거하는 것인데요. 식사를 식탁에서 해야 하는 것처럼 잠도 항상 같은 곳에서 자는 습관을 들이는 것이 좋습니다. 그래야 잠자는 곳에 들어가면 '잠을 자야겠구나'라는 생각과 행동이 형성되거든요. 처음에는 아들이 잠을 안 자려고 자꾸 일어나 앉을 수 있지만 방 안을 깜깜하게 하고 안정적인 분위기를 만들어놓은 뒤 엄마가 옆에 누워 있으면 잠을 자야 하는 시간이라는 것을 천천히 학습하게 됩니다.

물론 한번에 잠자는 습관이 만들어지는 것은 절대 아닙니다. 게다가 이전의 수면 습관이 제대로 형성되지 않은 경우라면 시간이 많이 걸릴 수 있습니다. 아들의 기질에 따라 차이는 있을 수 있지만 수면 습관을 만들거나 바꾸기 위해서는 최소한 3주에서 길게는 2개월 정도 인내의 시간이 필요함을 기억해두세요. 자지 않으려는 아들을 재우려고 하는 일만큼 힘든 일도 없지만 현재 우리 아들의 잠이 우리 아들의 미래라고 생각하면서 인내심을 발휘해야 할 필요가 있습니다.

고장난 해마는 모든 것이 새롭다

영화 「메멘토」의 주인공은 새로운 기억을 머릿속에 입력하지 못한다. 새로 알게 된 내용이나 들은 이야기가 입력되지 않기 때문에 당연히 학습도 되지 않는다. 바로 해마가 손상되었기 때문이다.

해마는 기억장치다. 우리가 무엇인가 새롭게 들은 내용, 알게 된 정보, 학습 내용 등은 해마로 입력되면 단기기억이라는 형태로 바뀐다. 단기기억으로 바뀐 내용 중 중요하고 의미 있는 내용들은 장기기억이라는 형태로 바뀌어 오래 기억된다.

만약 해마가 고장 나면 어떻게 될까? 일단 우리가 무엇인가를 기억하려면 단기기억의 형태로 바뀌어야 하는데 그렇지 못하니 보고 들은 내용이 그냥 다 흩어지게 된다. 마치 단기기억이라 는 다리가 끊어져서 아무것도 건너가지 못하는 상태와 같다. 그래서 「메멘토」의 주인공처럼 봐도 봐도 새롭고 들어도 들어도 처음 듣는 이야기인 것 같은 상태가 된다.

해마는 수면, 스트레스, 애정에 의해서 크게 영향을 받는다. 충분한 수면을 취하고 스트레스 없이 즐겁게 보내며 애정을 듬뿍 받을 때 해마는 더욱 발달하고 커지며 기억과 관련한 능력에 긍정적 영향을 미치게 된다.

아들의 뇌를 병들게 하는 것

유전학적으로 남성이 여성에 비해 열악한 염색체를 가지고 태어나서인지 몰라도 발달장애로 고생하는 아이들을 보면 여아보다 남아가 많은 편입니다. 또한 열악한 환경에 처하게 되면 그 영향을 많이 받는 쪽도 역시 남자 아이들입니다. 그러므로 아들을 강하게 키운다고 일부러 힘들게 하거나 애정을 덜 주는 것이 때로는 이후에 아들을 더욱 힘들게 할 수도 있습니다.

아들이건 딸이건 유아기는 취약해요. 그저 주어지는 대로 그냥 맞닥뜨릴 수밖에 없는 약한 존재고 무엇이 나쁘고 좋은지 판단할 수도 없습니다. 부모가 해로운지 이로운지 판단하고 바람직한 환경 속에서 자라도록 해줘야 하는 것입니다. 이제부터 유아기 아들의 뇌를 위해 피해야 할 것을 알아보도록 하겠습니다.

아이도 스트레스를 받는다

과도한 스트레스는 우리 몸의 면역체계에 악영향을 미치는 만병의 근원입니다. 그렇다면 어린아이들도 스트레스를 받을까요? 어린아이는 물론이고 태아까지도 스트레스에 노출될 경우 심각한 문제를 초래한다는 연구 결과가 있습니다.

1998년 캐나다 퀘백 지역은 얼음 폭풍으로 인해 1주일 동안 완전히 마비가 됐습니다. 전력은 끊겼고 식량도 제한되어 있었으며 사람들은 대피소에 모여 구조대가 오기만을 초조하게 기다리고 있었죠. 구조대가 도착하여 여러 가지 물품을 제공하긴 했지만, 그 뒤로도 지역 전체에 정상적으로 전력이 공급되어 사람이 다닐 수 있게 되는 데 40일 이상이 걸렸습니다.

캐나다 맥길 대학교의 정신의학 전문의 수잔 킹Susan King 교수는 당시 심하게 스트레스를 받았던 임산부 150명에게서 태어난 아이들의 건강을 13년 이상 지속적으로 살펴보았습니다. 일단 임신 기간 중 스트레스를 심하게 느낀 엄마의 자녀들은 출산 시 정상체중 이하로 태어났습니다. 스트레스를 느낀 엄마의 자궁 혈관이 수축되면서 태아에게 갈 혈류의 양이 줄어들었고 영양과 산소 공급이 원활하지 못했던 것이었죠.

자녀들이 2세 정도 되었을 때에는 임신 중 스트레스가 심했던 엄마들의 자녀들은 인지 능력, 주의 집중력, 언어 능력이 상당히 떨어졌고 이 상태는 6세까지 계속되는 것으로 나타났습니다. 더욱 놀라운 사실은 이러한 경향이 딸보다 아들에게 더욱 강하게 나타났다는 것이에요. 엄마의 배 속에 있을 때부터 아들은 딸보다 스트레스에 취약했던 것입니다. 임신 중기가 되어서야 테스토스테론이 분비되기 때문에 아들은 딸보다 뇌 발달과 성숙의 속도가 상당히 느립니다. 그러다 보니 엄마가 스트레스를 심하게 느꼈을 때 이를 대처할 만한 준비를 제대로 갖추지 못했던 것입니다.

스트레스는 그 자체보다 스트레스를 느낄 때 분비되는 스트레스 호르몬 코르티솔의 분비가 더 심각합니다. 코르티솔이 분비되면 이것이 뇌의 구석구석을 돌면서 시냅스를 만드는 과정을 방해하여 뇌를 망가뜨리게 됩니다. 그럼 유아기 아들에게 스트레스를 주는 것은 무엇일까요?

유아의 수준에서 이해하기도 어렵고 받아들일 준비도 되어 있지 않은 선행학습이 첫 번째 스트레스입니다. 유아기가 뇌 발달의 최적기라고 해서 모든 정보와 자극을 받아들일 수 있고 학습할 수 있는 시기를 의미하는 것은 아닙니다. 유아기까지는 오감이라는 감각기관을 통해서 세상을 이해하고 받아들입니다. 언어, 수라는 상징기호가 아니라 직접 보고 듣고 만지고 맛본 정보들을 받아들일 수 있는 뇌세포가 활발하게 시냅스를 만드는 시기라고 보면 되는데요. 아직은 복잡한 상징체계를 이해할 수 없는 시기이기도 합니다. 이런 상태에 있는 아들에게 독서를 시키고 학원을 보내고 영어를 쓰게 하는 것은 그야말로 이제 막 혼자 일어서려고 하는 아기에게 빨리 뛰어보라고 재촉하는 것과 같습니다. 아기는 뛸 수 있는 대근육이 아직 발달하지 않았기 때문에 아무리 뛰라고 해도 뛰지 못하거든요. 학습도 마찬가지예요. 글을 읽을 만한 시냅스가 형성되지 않은 상태에서 책을 읽으라고 하는 것은 그저 스트레스를 유발할 뿐입니다.

스마트폰은 되도록 멀리

얼마 전에 식당에 갔다가 안타까운 장면을 보게 됐어요. 바로 옆 테이블에 두 살 정도 되는 남자 아이, 부모, 조부모가 함께 식사를 하고 있었거든요. 음식이 나오기도 전에 아이가 칭얼대기 시작하자 엄마는 익숙한 듯 "그래, 알았어" 하더니 스마트폰으로 무언가를 보여주는 겁니다. 아이는 스마트폰 영상에 쏙 빠져서 금방 조용해졌죠. 음식이 나온 이후에도 아이 엄마는 아이에게 스마트폰을 계속 틀어주면서 밥을 먹였습니다. 아이는 입만 오물거려 음식을 받아먹을 뿐 스마트폰에서 눈을 떼지 못하고 있었어요. 저는 너무 안타까웠습니다만 아이 엄마는 "우리 아들은 정말 집중력이 좋아요. 이렇게 틀어주면 몇 시간도 꼼짝 안 하고 보고 있다니까요"라고 자랑스럽게 말했습니다. 정말 그럴까요?

텔레비전과 스마트폰을 비롯한 매체는 자라나는 아이의 뇌에 부정적인 영향을 끼칩니다. 시각피질이 있는 후두엽, 감정이 발생되는 편도체, 인지 능력이 결집되어 있는 전두엽에 모두 치명적인 영향을 미치니까요.

스마트폰의 영상이나 게임 장면은 속도가 빠르고 강렬한 색의 자극으로 구성되어 있잖아요. 이러한 시각 자극을 오랜 시간 들여다보고 있으면 시력이 나빠지는 것은 물론 내성이 생겨서 점점 더 강한 자극을 원하게 됩니다. 그렇게 되면 일상생활에서 경험하게 되는 자극들은 심심하고 지루하게 느껴지고 말아요. 강하고 자극적인 자극에 반복적으로 노출되면 전두엽을 비롯한 대뇌피질 전반을 불안정하게 만들어 학교에 들어가는 아동기부터는 주의력 등에 문제가 나타날 수 있습니다.

보는 것에 빠른 반응을 보이는 아들의 뇌에는 중독성이 강한 텔레비전보다는 사람의 얼굴을 보면서 의사소통을 하고 깔깔 웃어대며 뛰어놀게 하는 것이 건강한 아들의 뇌를 만들 수 있는 방법입니다.

· SUMMARY ·

· 유아기 아들의 뇌가 성장하기 위해서는 3대 영양소와 3부 영양소를 충분히 섭취해야 한다.
· 유아기 아들의 뇌 발달을 위해서는 충분하고 질 높은 수면이 중요하다. 깊은 수면 동안 유아기 아들의 뇌는 쑥쑥 성장한다.
· 유아기 아들 역시 스트레스를 느끼며, 스트레스에 의해 아들의 뇌는 손상을 입는다.
· 유아기 아들의 뇌는 미성숙하고 취약하기 때문에 텔레비전, 스마트폰에 노출되지 않도록 주의해야 한다.

유아기 아들과의 놀이 방법

✎ **아들은 몸으로 놀아주는 것이 필수!**

• 아무리 어리다고 해도 아들의 뇌에서는 테스토스테론이 분비
됩니다. 테스토스테론은 땀을 흘릴 정도로 몸을 움직여야 활동
성, 공격성 등에서 안정이 됩니다. 그래서 아들은 어릴 때부터
몸으로 놀아주는 것이 필수입니다. 부모님이 피곤하다고 방 안
에 가만히 앉아서 놀기만을 바라는 것은 무리가 있겠죠!

• 몸을 움직여서 놀 때 아들은 긍정적인 감정 즉, 즐거움을 느끼
게 됩니다. 땀을 흘리며 운동을 하고 나면 상쾌한 기분을 느끼
는 것도 바로 즐거운 감정과 관련된 도파민이라는 신경전달물
질이 분비되기 때문입니다.

• 아들과 함께 몸으로 놀아주는 것은 부모님에게도 도움이 됩니
다. 신체 접촉을 하면서 유대감도 형성되고 자녀와 눈높이를 맞
추다 보면 공감 능력과 EQ도 좋아지게 됩니다. 특히 어린 시절
자신의 부모님과 놀이 시간을 가져보지 못한 아빠들이 자녀들
과 몸으로 놀아주면서 친밀감과 애정도 커지게 됩니다.

✎ 아들과 몸으로 놀기 전에 기억해야 할 팁!

• 자녀가 받아들일 수 있는 자극 수준을 파악해서 호흡을 맞추도록 합니다. 어떤 아들은 예민하거나 소심한 성향을 가졌을 수 있기 때문에 처음부터 강하고 거친 자극으로 놀아주면 오히려 몸으로 하는 놀이에 대하여 부정적인 기억이 남을 수 있습니다.

• 몸으로 노는 시간은 되도록 저녁 이전으로 잡습니다. 층간 소음도 문제이지만, 잠자기 전, 목욕하기 전에 놀게 되면 흥분된 상태가 되어 아들을 제어하기 어렵게 됩니다. 몸으로 놀고 나서 흥분이 가라앉는 데에는 적어도 30분 정도의 시간이 필요하다는 점, 꼭 기억하시길 바랍니다.

• 몸으로 놀다 보면 특별한 놀이가 아니어도 즐거운 시간을 보낼 수 있습니다. 여기에 더해서 과장해서 웃거나 적당히 넘어지면서 몸 개그를 보여줄 때 유아기 아들은 더욱 즐겁게 몰입하게 됩니다.

✎ 유아기 아들과의 놀이법(3~6세)

• 소리와 그림 짝 맞추기: 엄마, 아빠가 동물, 기계 소리를 흉내 내고 아들이 그 소리에 맞는 그림 짝 맞추기를 합니다. 어느 정도 익숙해지면 시간을 정해놓고 해도 좋습니다.

• 보물찾기: 엄마, 아빠의 설명만 듣고 집 안의 물건 찾아오는 놀이입니다. 아들이 물건의 이름에 어느 정도 익숙해지면 아들의 설명을 듣고 엄마, 아빠가 물건을 찾아오도록 합니다.

- 양말 차지하기: 여러 명이 해도 좋고, 둘이 해도 좋습니다. 바닥에 앉아서 다리를 뻗은 상태에서 서로의 양말을 벗겨서 감추거나 상대방의 양말을 신으면 됩니다. 양쪽 발이 모두 맨발이 되면 놀이는 끝이 납니다.

- 나 잡아봐라!: 신문지나 돗자리를 준비해서 놀이터 한 구석에 놓습니다. 이 안에 들어오면 술래가 잡지 못하게 됩니다. '안전기지', '본부' 등의 명칭을 붙여도 좋습니다. 그네 잡기 등의 미션을 정한 뒤 술래가 이 미션을 해내지 못하게 잡으면 됩니다.

- 공 굴리기: 바닥에 앉아 몸을 둥글게 말고 두 손으로 두 발을 감쌉니다. 몸을 공처럼 만들어서 구르거나 오뚜기처럼 왔다갔다 하면서 목표 지점까지 누가 먼저 도착하는지 겨룹니다.

- 꽃게 달리기: 잔디밭에서 하면 재미있는 경기이지만, 집 안에서도 공간을 충분히 마련하여 할 수 있습니다. 엉덩이로 앉은 자세에서 팔과 발만 움직여서 꽃게가 달리는 듯한 자세로 목표 지점까지 나아갑니다.

- 엄지 대장하기: 악수하듯이 잡은 다음 자신의 엄지손가락으로 상대방의 엄지손가락을 누르게 되면 이기는 놀이입니다. 자녀의 발달 상태나 활동성에 따라 적절히 힘을 조절하면서 즐기면 좋습니다. 엄지손가락을 제어하는 연습을 통해 감정 조절 훈련 효과도 거둘 수 있습니다.

유아기 아들을 위한 양육 지침

✎ 유아기 아들의 뇌 특성 이해하기

• 넓은 공간을 좋아하는 아들을 위해 하루에 일정 시간은 바깥에서 뛰어놀게 하는 것이 좋습니다.

• 아들의 뇌에 분비되는 테스토스테론이 어느 정도 발산되어야 집중도 잘 이루어집니다. 일본의 한 유치원에서는 하루를 운동장 열 바퀴 뛰는 것으로 시작한다고 해요. 실제로 뜀박질을 하고 난 후 남자 아이들의 행동이 상당히 온순해졌다고 합니다.

• 아들의 뇌가 사람보다는 사물을 좋아한다고 해서 장난감 속에 아들을 내버려두지 않도록 주의하세요.

✎ 유아기 아들의 뇌가 발달하도록 접촉 위안 주기

• 엄마가 따뜻하게 쓰다듬어주고 만져주고 안아줄 때 아들의 뇌는 그만큼 성장하게 됩니다. 아들을 많이 안아주고 "사랑해!"라고 말해주세요.

✎ 유아기 아들이 엄마 말에 집중하도록 하기

• 유아기라고 해도 한쪽 뇌로만 듣는 아들의 특성은 그대로 나타나기 때문에 아들이 엄마 말을 듣지 않는다고 야단치기보다는 아들의 뇌가 가지는 특성을 활용하도록 합시다. 아들의 뇌는 청각적인 자극보다 시각적인 자극에 집중을 더 잘 하므로 아들에게 이야기할 것이 있으면 반드시 아들과 눈을 맞추세요. 보이지 않는 것에 아들의 뇌는 집중하지 않으니까요.

• 어린 시기부터 듣기를 담당하는 측두엽이 발달할 수 있도록 도와주세요. 듣기 능력이 딸보다 뒤처진다고 해서 듣기를 소홀히 해서는 안 된다는 말이에요. 아들이 재미있게 듣기에 집중할 수 있는 방법을 찾아보는 것이 좋습니다.

• 아들이 하는 말이 알아듣기 힘들고 답답하더라도 빨리 말하라고 다그치기보다 인내심을 갖고 기다려주세요. 빨리 말하라고 다그치는 것은 표현 능력이 부족한 아들의 뇌를 더욱 과묵하게 만드는 원인이 될 수 있습니다.

✎ 유아기 아들의 뇌가 튼튼해지기 위한 식사 지도

• 식사는 단순히 영양만을 섭취하는 것이 아니라 정서적인 만족감과 안정감, 행복감을 느낄 수 있는 정서 발달에 매우 중요한 요소입니다. 뿐만 아니라 영유아기에 형성된 식습관은 일생 동안 영향을 미친다는 점을 기억하세요.

• 아무리 어린 아들이라도 음식에 대한 기호가 있음을 기억하세

요. 싫어하는 음식을 무조건 먹이려고 하는 것은 옳지 않습니다. 만약 아들이 음식을 거부하는 이유가 질감이나 식감, 향 때문이라면 조리 방법을 바꾸어보는 것이 좋습니다.

• 식욕을 떨어뜨리는 설탕류의 간식을 식사 전에 주지 않아야 합니다. 영양이 필요한 음식을 먼저 주고 좋아하는 음식은 식사가 끝난 뒤 주도록 하세요.

아들 키우기 너무 힘들어요!

-유아기 편-

Q. 여섯 살 된 아들을 키우고 있는 엄마입니다. 워낙 활동적이고 가만히 있지 않다 보니 밥 먹이기가 힘들었어요. 그래서 스마트폰에 동영상이나 유튜브를 틀어놓았더니 얌전히 밥을 받아 먹어서 어느 순간부터는 밥 먹을 때마다 동영상을 틀어주었어요. 그런데 문제는 이제 스마트폰으로 동영상을 틀어주지 않으면 떼를 쓰고 밥을 안 먹으려고 해요. 어떻게 하면 좋을까요?

A. 식당에서 어린 자녀에게 스마트폰으로 동영상을 틀어주고 밥을 먹이는 경우를 자주 보게 됩니다. 아마 부모님께서는 다른 손님들에게 피해를 줄까봐 혹은 얌전히 밥을 먹게 하려는 마음에 그렇게 하시는 것이겠지요. 그런데 이러한 습관은 장기적인 관점에서 아들에게 도움이 되지 않습니다.

아들은 시각 피질인 후두엽이 발달해 있기 때문에 시각 자극에 집중을 잘 합니다. 그래서 스마트폰의 동영상도 좋아하고 게임도 좋아하지요. 문제는 이러한 스마트폰의 자극들이 우리 아들의 뇌가 잘 작동하지 않게 만들 수 있다는 것입니다.

집중력은 두 가지 종류가 있는데요. 초점성 집중력과 반응성 집중력입니다. 초점성 집중력은 글이나 말 등에 집중할 때 발휘되는 집중력입니다. 책이나 강의를 들을 때 필요하죠. 그에 비해 반응성 집중력은 빠른 빛, 색의 변화, 다양한 소리 등에 집중할 때 나타나며 대표적으로 스마트폰을 볼 때 반응성 집중력이 사용됩니다. 그런데 반응성 집중력은 내성이 생겨서 점점 더 강한 빛, 속도, 소리를 요구하게 됩니다. 그래서 동영상을 더 오래 보게 되고, 더 강력한 자극을 원하게 되는 것이지요. 게다가 한참 성장하고 있는 유아기 아들의 뇌에는 각인되는 자극이 될 수 있습니다.

더군다나 동영상을 보면서 식사를 하는 습관이 형성되면 비만에 이르기도 쉽습니다. 가끔 어른 중에도 동영상을 틀어놓고 혼밥을 하는 모습을 보게 되는데, 이런 경우 과식으로 이어져 과체중이 될 가능성이 높습니다.

대뇌피질의 안쪽에는 시상하부라는 기관이 있습니다. 시상하부에는 공복감을 느끼는 섭식중추와 포만감을 느끼는 포만중추가 있지요. 우리 몸에서 혈당이 떨어지면 섭식중추를 자극하여 뇌에 신호를 보내 음식을 먹고 싶게 만듭니다. 반대로 음식을 먹으면 포만중추가 배가 부르다는 신호를 뇌에 보내서 음식을 그만 먹도록 만들지요. 식사를 시작한 지 대략 20분 정도 지나면 포만중추가 '그만 먹으라'는 신호를 뇌에 보내게 됩니다.

동영상을 보면서 식사를 하게 되면 포만중추가 신호를 보내는 20분 동안 무엇을 먹고 있는지도 인지하지 못하고 제대로 씹지 않고 식사를 하게 되면서 많은 양의 음식을 짧은 시간 안에 먹게 되는 결과를 초래하게 됩니다.

어릴 때부터 동영상을 보면서 식사를 하게 되면 어른이 되어서도 비슷한 습관이 나타날 가능성이 높게 됩니다. 그렇다면 우리 아들이 동영상을 보지 않고 식사를 하게 하려면 어떻게 해야 할지 고민이 되실 겁니다.

먼저, 우리 부모님의 강한 의지가 필요합니다. 동영상을 보여주지 않고 식사를 하자고 하면 예전처럼 뛰어다니거나 짜증을 낼 수 있습니다. '밥을 안 먹으면 어쩌나' 하는 조바심에 마음이 약해져서 동영상을 다시 틀어주실 수도 있습니다. 그래서 굳게 마음을 먹어야 합니다. 만약 동영상 없이 밥을 안 먹으려 한다면 과감하게 식사를 치워버리십시오. 오히려 한두 끼를 굶고 나면 배가 고파서 더 잘 먹을 수 있습니다.

두 번째는 식사 예절을 익히도록 해야 합니다. 이 역시 인내심이 필요합니다. 식사 예절을 키우기 위해서는 우선 가족이 함께 식사하는 시간 동안 먹는 것을 규칙으로 합니다. 아직 식사 중인데 돌아다니거나 늦게까지 먹을 경우에는 단호하게 그릇을 치우시는 것이 좋습니다. 이때 화를 내거나 짜증을 내기보다는 "식사는 함께 앉아서 하는 거야"라고 말씀해주십시오. 자녀가 함께 식사하는 것의 의미를 이해하도록 하는 것이 중요합니다. 식사를 제시간 동안 잘했을 때에는 "○○가 오늘은 정말 착하고 바르게 식사를 잘했구나. 엄마, 아빠도 너무 즐거웠어"라고 격려해주시는 것이 좋습니다.

Q. 우리 아들은 올해 일곱 살입니다. 그런데 너무 산만합니다. 제가 방금 전에 한 이야기도 제대로 듣지 않았는지 "몰라, 몰라", "엄마가 언제 그랬어?"라고 되묻기 일쑤입니다. 내년이면 학교에 가야하는데, 학교 수업, 준비물, 알림장 이런 것들을 제대로 챙길 수 있을지 벌써부터 걱정입니다.

A. 아들을 키우는 엄마들께서 가장 많이 하시는 하소연이 "우리 아들은 무슨 말을 해도 귓등으로 듣는다", "도대체 엄마가 아무리 말을 해도 기억을 못하고 딴소리한다"는 이야기입니다. 그런 하소연에 이어서 하시는 걱정이 맨날 다 잊어버리고 와서 학교생활도 제대로 못하면 어쩌나 하는 것이지요. 제가 상담했던 아들 키우는 한 어머니께서도 비슷한 걱정을 하셨습니다. 준비물, 알림장 챙기는 것은 고사하고 심지어 가방을 가져 오는 것도 잊어버린 적이 있었거든요.

아들의 뇌와 딸의 뇌의 가장 큰 차이는 청각피질과 시각피질에 있습니다. 딸의 경우 청각피질이 있는 측두엽이 아들에 비해서 일찍 그리고 빨리 발달합니다. 그래서 다른 사람의 말을 잘 듣고 잘 기억하지요. 딸에 비해서 청각피질이 천천히 발달하는 아들은 '사람의 말귀를 잘 못 알아듣는다', '설명하는 데 집중해서 잘 듣지 못한다'는 평가를 받게 되고요. 대신에 아들은 시각피질이 일찍 그리고 잘 발달하게 됩니다. 그래서 보는 것, 움직이는 것에 마음과 시선을 잘 뺏기지요. 아들이 무엇인가 잘 기억하게 하려면 말로 설명하는 것보다 눈으로 확인할 수 있도록 하는 것이 효과적일 수 있습니다.

초등학교에 입학하기 전에 아들이 무엇인가를 잘 기억하고 챙기는 습관을 갖도록 하기 위해서는 일단 눈으로 확인하는 연습이 필요합니다. 달력이나 스케치북과 같이 큼지막한 종이에 매일 해야 할 일 세 가지 정도씩을 잘 보이게 적습니다. "○○의 오늘 할 일"이라고 제목을 적는 것도 좋고, 초등학교에 대한 기대가 큰 아들이라면 "○○의 알림장"과 같은 제목으로 적는 것도 좋습니다. 처음부터 할 일을 여러 개 적으면 힘들게 느껴질 수 있기 때문에 세 가지를 넘지 않는 게 좋습니다. 예를 들면 놀고 나서 장난감 치우기, 학습지 3쪽 하기, 혼자서 양치질하기 등과 같이 구체적인 목록을 적도록 합니다. 할 일을 적은 종이는 집에서 가장 잘 보이는 곳에 놓습니다. 할 일을 마칠 때마다 아들이 잘 완수했다는 표시를 하게 합니다. 가령, 별, 동그라미, 하트 등 아들이 원하는 방식을 사용하도록 하고, 부모님께서도 그 옆에 "멋져!", "잘했다", "최고" 등을 같이 적어주셔서 격려해주도록 합니다.

이렇게 할 일을 하고 점검하는 습관을 어릴 때부터 눈으로 확인하게 하면 학교에 들어가서 자신이 해야 할 일을 챙기는 데 도움이 될 것입니다.

Q. 떼를 너무 많이 쓰는 아들 때문에 고민입니다. 자기 마음에 안 들거나 하고 싶은 것을 당장 하지 않으면 소리를 지르면서 떼를 씁니다. 한 번 떼를 쓰기 시작하면 정신이 하나도 없을 정도예요. 그래서 저도 같이 소리를 지르고 화를 내게 됩니다. 제가 소리를 지르고 화를 내면 눈치를 보고 조용해졌다가 이내 다시 떼를 쓰기도 해서 체벌을 한 경우도 있었어요. 아들이 자주 떼를 쓰니 저도 너무 힘들고 지칩니다.

A. 자녀가 떼를 쓰면 부모님은 당황스럽고 어찌해야 할 바를 모르게 되지요. 특히 사람들이 많은 장소에서 떼를 쓰면 더 정신이 없고 말이지요. 그러다 보면 부모님께서는 자신도 모르게 감정이 격해지는 것을 느끼게 되실 겁니다. 아들에게 화를 내고 나면 자책감과 죄책감도 느껴져서 힘이 들고요.

떼를 쓰는 아들의 습관을 고치기 전에 먼저 언제 떼를 쓰는지를 한번 살펴볼 필요가 있을 것입니다. 어떤 아이는 몸이 피곤할 때 떼를 쓰는 행동을 합니다. 어떤 아이는 칭얼거리고 떼를 써서 자신이 원하는 것을 얻는 경험을 하게 되면서 그 행동이 강화된 경우도 있습니다. 또 어떤 아이는 사람들이 많은 장소에서 떼를 쓰니 부모님이 난처해서 얼른 원하는 것을 들어준다는 것을 알고 떼쓰기를 학습했을 수도 있습니다.

어떤 경우이든지 간에 떼쓰기를 통해서 원하는 바를 얻는 것을 학습했다면 스스로를 통제하고 조절하는 능력을 키울 기회를 점점 잃는 것입니다. 무엇을 갖고 싶다고 느끼는 욕구는 뇌의 안쪽에 있는 변연계 특히, 편도체에서 발생합니다. 그런데 우리가 편도체가 원하는대로 즉, 감정과 욕구가 느껴지는대로 행동한다면 이 세상은 난장판이 될 것입니다. 편도체가 느끼는 감정과 욕구를 '지금은 참자', '조금 더 생각해보자' 라고 상황에 맞게 조절하고 통제하는 능력은 앞이마에 위치하는 전전두엽에서 담당하지요. 전전두엽에서 작동하는 이러한 능력은 처음부터 생기는 것이 아니라 감정과 욕구를 적절하게 참고 조절하는 연습을 통해서 길러지는 것입니다. 그래서 떼쓰기를 계속 하게 된다면 전전두엽이 발달하기 어려울 수 있습니다.

그리고 떼쓰는 자녀로 인해 부모님도 격한 감정을 표출하게 되는데, 이런 일이 자주 발생하게 되면 부모님에게도, 그리고 아들의 뇌에도 부정적인 영향을 줄 수 있습니다. 보통 자녀들은 부모님이 화를 내게 되면 불안감과 두려움을 느끼게 되지요. 불안감과 두려움은 스트레스를 유발하게 되면서 스트레스 호르몬인 코르티솔을 분비하게 되면서 뇌에도 부정적인 영향을 주게 됩니다. 부모님 역시 화를 내게 되면 스트레스 호르몬이 분비되고요.

떼를 쓸 때 "너는 누구 닮아서 이렇게 고집이 세니?", "아주 하루 종일 떼를 쓰는구나. 너 때문에 엉망진창이잖아!"와 같은 부정적인 말이나 "알았어, 이번 한 번만 들어줄게. 오늘만 하는 거다"와 같은 일관성 없는 말은 삼가야 합니다.

아들이 떼를 쓰기 시작하면 "○○가 지금 기분이 안 좋구나. 기분이 진정되면 놀자(혹은 사줄 수 있어)"라고 말을 합니다. 떼를 쓴다는 것은 흥분된 상태이기 때문에 거리를 두고 마음을 추스를 수 있을 때까지 기다려주세요. 이때는 아들이 칭얼거리거나 화를 내도 별 반응을 보이지 않는 것이 좋습니다. 진정이 된 뒤 손을 잡거나 안아주면서 대화를 통해 스스로 원하는 것을 표현할 수 있도록 도와주는 것이 좋습니다.

초등학생 우리 아들
잘 키우기

Son's Brain

초등 잔혹기

3월 입학 시즌이 얼마 지나지 않았을 때 지인으로부터 재미난 이야기를 들었습니다. 이제 막 둘째를 초등학교에 입학시킨 아들만 둘을 둔 엄마였는데요. 같은 반 엄마들끼리 소통하기 위한 단체 채팅방을 남자 아이 엄마들끼리, 여자 아이 엄마들끼리 구분해서 만들더라는 거였어요.

그 지인은 아들을 이미 키워봤기 때문에 크게 거부감이 없었다고 해요. 왜냐하면 아들과 딸이 노는 방식도 다르고 관심사도 다르기 때문에 어차피 공통의 대화를 할 때 공감되는 쪽은 아들을 둔 엄마들이었기 때문이었죠. 본인의 아이가 함께 어울리는 아이도 거의 모두 동성의 친구들이니까 말입니다. 그런 이유로 성별로 단체 채팅방을 나눈다는 것이 처음엔 좀 이상했지만 곧 편해졌다고 해요. 어차피 같은 반 친구 모두와 친해질 수는 없는 노릇이니까요. 하지만 외동아이를 키우고 있거나 남매를 키우는 엄마들은 자녀의 성별에 따라 채팅방을 나누는 게 이상하다는 반응이었다고 합니다. 이런 상황, 어떻게 받아들여지시나요?

아들과 딸은 원래 뇌 구조나 호르몬 등의 차이로 인해 다른 능력과 성향을 가졌지만 자녀가 어릴 때는 큰 차이 혹은 어려움을 느끼지 못하다가 초등학교에 들어가면서부터 아들 키우는 엄마들은 당혹감을 느낄 때가 자주 발생하게 됩니다. 여성인 엄마의 입장에서는 도저히 이해할 수 없는 아들의 행동과 모습에 이러지도 못하고 저러지도 못하는 상황이 늘어나게 되는데요. 그러다 보니 아들 키우는 엄마들끼리만 서로 이해할 수 있는 고민을 공유하게 되면서 모임도 나누어지는 것이라는 생각이 들어요. 그리고 초등학생 아들을 키우는 엄마들의 공통되는 이야기 중 하나는 '아들이 참 늦되다'는 말인데요. 딸에 비해서 뒤처지다 보니 학교에서 선생님께 혼나고 벌 받는 것도 아들들이 도맡아하는 것 같아 속상하다는 내용이 참 많아요. 여학생들에 비해 빈둥거리고 청결하지 않고 시끄럽고 집중을 하지 않는 것으로 보이니 우리 아들이 이러다가 사회에 나가서도 계속 여성들에게 뒤지고 제 구실도 못할 것 같다는 염려를 토로하기도 합니다.

어쩌면 초등학교를 다니는 시기가 아들에게는 잔혹기일 수 있습니다. 학교와 선생님께서 원하는, 얌전하고 바람직한 행동과는 반대의 모습을 보이니 매번 야단맞고 비교당하기 때문이죠. 그러나 뇌 발달의 관점에서 볼 때 이런 아들의 행동은 지극히 정상입니다. 단지 아들의 뇌가 발달하는 속도와 영역이 딸의 뇌와 전혀 다르기 때문에 일어나는 일입니다.

교실 안의 천방지축

아이들이 초등학교에 입학하고 난 직후 1학년 교실을 들여다보고는 선생님께 절로 고개가 숙여진 적이 있었습니다. 교실 안은 그야말로 난리 북새통이었거든요. 수업 시간임에도 교실 안을 헤집고 다니는 아이가 있는가 하면 선생님의 설명과 지시에 전혀 따르지 않고 딴 짓을 하기도 하고, 옆 친구와 시비가 붙은 경우도 있었고 말입니다. 이 전쟁터 같은 교실 안에서 평정심을 잃지 않고 계시는 선생님이 그저 신기하고 존경스러웠는데 재밌는 점이 발견됐습니다.

수업 시간인데도 돌아다니고 선생님의 설명에 집중 못하며 친구와 싸우고 씩씩거리고 있는 녀석들은 주로 남자 아이들이었다는 것입니다. 선생님께 꾸중을 듣는 쪽도 주로 남자 아이들이었고요. 여자 아이들은 남자 아이들이 선생님께 혼나는 모습을 목격하고는 더욱 얌전히 행동하고 선생님의 설명에 집중하려고 애썼습니다. 더욱 재미있는 것은 선생님께 야단을 맞는 친구의 모습을 봤음에도 불구하고 남자 아이들은 여전히 떠들고 집중하지 못하고 계속해서 몸을 움직여대는 것이었어요! 참 여자 아이들과 남자 아이들이 다르죠? 도대체 이유가 뭘까요?

뇌에서는 신경전달물질이 분비되는데요. 신경전달물질은 주로 우리의 기분이나 감정을 좌우하는 역할을 담당해요. 그렇지만 기분이나 감정에만 영향을 미치는 게 아니라 기억, 학습 등의 결과도 달라지게 만듭니다. 기분이 좋고 안정적인 상태에서는 기억도 쉽고 집중도 잘 되지만 우울하거나 화가 난 상태에서는 기억이나 집중은커녕 아무것도 할 수 없는 상태가 되고 말죠. 이처럼 기분은 인간 활동 대부분에 영향을 미치기 때문에 신경전달물질의 기능은 단지 기분만을 좌우하는 것으로 보기 힘듭니다.

신경전달물질 중 세로토닌serotonin이 있는데요. 세로토닌은 균형이 잘 잡힌 시소의 지렛대처럼 이쪽에도 저쪽에도 무게중심이 가지 않도록 조절해주는 기능을 담당합니다. 기분이 가라앉고 우울하게 하지도 않고, 반대로 너무 들뜨지도 않는 평온하고 안정적인 상태를 유지하는 역할을 하는 것이죠. 불행하게도 이렇게 안정적인 기분을 만들어주는 핵심 요소인 세로토닌의 분비는 여성 호르몬인 에스트로겐의 영향을 받습니다. 에스트로겐이 분비되면 세로토닌도 함께 분비되거든요. 물론 너무 많이 분비돼도 기분 조절에 문제가 생깁니다.

아들의 뇌에서 분비되는 남성 호르몬 테스토스테론은 세로토닌 분비에 영향을 미치지 못합니다. 오히려 도파민이라는 신경전달물질을 분비하죠. 도파민은 의욕, 경쟁심, 쾌감을 불러일으키는 작용을 합니다. 아들이 친구들과 게임을 할 때 승부욕에 불타는 모습을 보이는 것도 바로 도파민이 만들어낸 결과라고 보시면 됩니다. 또한 도파민이 분비되면 흥분되고 기분이 들뜨게 되는데요. 도파민 분비를 이끌어내는 것이 바로 아들의 뇌에서 분비되는 테스토스테론인 것입니다.

엎친 데 덮친 격으로 기분이 쉽게 안정되기 힘든 아들의 뇌는 우뇌의 발달로 시각 자극의 변화에 정신을 빼앗기고 맙니다. 시각적으로 제시되는 자극이 자주 바뀌고 다양할 때 집중하고 몰입하는 것이 바로 아들의 뇌인데 수업 시간은 40분 내내 시각적인 자극제가 별로 없는 상태로 선생님의 설명만 계속되다 보니 아들의 뇌는 지루하기 짝이 없는 것이죠. 그래서 창밖을 내다보고 친구들의 작은 행동 변화에 주의를 빼앗기게 되는 것입니다.

남성 호르몬인 테스토스테론의 분비는 도파민을 끌어내 뭐든지 경쟁하게 할뿐더러 차분한 상태를 유지하는 것을 어렵게 만듭니다. 또한 테스토스테론 그 자체가 가지는 힘이 아들의 뇌에 작용하는데 바로 공격성의 형태를 띠게 됩니다.

대부분의 아들은 공격적이에요. 공격적인 행동을 하고, 공격적인 언어를 구사하죠. 그러나 공격적인 것과 폭력적인 것은 분명 다릅니다. 공격적인 것은 경쟁적이고 활동적인 상태이며 약간 과도하게 적극적인 행동을 하고 약한 자극에도 격한 반응을 하는 것을 가리킵니다. 폭력적인 것은 공격적인 상태를 넘어서서 상대방에게 해를 끼칠 수 있는 행동이나 언어를 행사하는 것이니 둘의 차이점을 꼭 구분하는 것이 좋습니다.

초등학교에 들어서면서부터 아들의 뇌에서는 유아기에 비해 많은 양의 테스토스테론이 분비됩니다. 대다수의 아들이 공격적으로 보이는 말과 행동을 스스럼없이 하며 몸을 움직이고 싶어서 어쩔 줄 모르는 상태에 있다고 볼 수 있는 것이죠.

이런 뇌의 상태에 있는 아들이 학교에서 과연 어떤 모습일지 아마도 상상이 가능할 거예요. 선생님의 설명을 듣고 있다가도 옆 친구의 작은 속삭임이나 뒤에서 들리는 놀림에 자신도 모르게 격렬한 반응을 보이곤 합니다. 운동장에서도 마찬가지예요. 가지런히 줄을 맞춰서야 하는 상황에서 친구가 툭툭 건드리기만 해도 즉각적인 반응을 보이며 달려들거든요. 이런 상황이니 초등학교 교실과 운동장에서 선생님의 꾸지람을 듣고 야단을 맞아 울상을 짓고 있는 대상은 거의 아들들이 많습니다. 선생님도 말 잘 듣고, 눈치껏 행동하는 여학생에 비해서 천방지축으로 보이는 남학생을 혼낼 수밖에 없는 것이고요.

성장의 걸림돌, 열등감

남녀 차이에 대한 연구들을 보면 초등학교 시기에는 여학생들이 남학생들보다 높은 성취를 보인다고 합니다. 초등학교 교실 안에 남학생과 여학생들의 행동이나 태도도 확실하게 비교가 되는데요. 문제는 이런 비교가 심리적으로 영향을 미치게 된다는 점입니다.

초등학교 시기 동안 아들은 계속해서 혼나고 꾸중을 듣게 되는데 이와 같은 반복적인 비난은 결국 아들이 자신을 무능하고 열등하다고 생각하게 만들 수 있습니다. 이것을 낙인 효과Labeling effect 또는 스티그마 효과Stigma effect라고 부릅니다.

다른 사람들이 자신에 대해서 머리가 나쁘다거나 좋지 못한 평가를 내리는 것을 반복적으로 듣게 되면, 자기 자신도 심리적으로 자신에 대한 부정적인 평가를 받아들이게 되면서 부정적으로 낙인을 찍어버리고 나쁜 방향으로 행동하게 되는 것이죠.

대표적인 예로 전 세계 IQ 140 이상의 천재들만 가입할 수 있다는 국제멘사협회 회장 빅터 세레브리아코프Victor Serebriakoff를 들 수 있습니다. 그가 15세 때 학교에서 IQ 검사를 실시했는데 담임 선생님의 착오로 173인 IQ가 73으로 되고 말았습니다. 게다가 선생님은 이런 지능지수로는 학교를 졸업하기도 어려우니 장사나 다른 것을 해보라는 이야기까지 하고 말았죠. 그는 이 말을 들었을 때 진짜 바보가 된 것같이 느꼈고 그래서 더 바보 같은 행동을 하면서 학교생활도 엉망으로 마치게 되었다고 합니다. 성인이 되어서도 별다른 직업 없이 허송세월을 보내다가 17년이 지난 후에야 진실을 알게 됐습니다. 그는 IQ 점수가 낮다는 평가를 받고 타인은 물론 스스로도 머리가 나쁘다는 낙인을 찍게 되었고, 그런 평가에 따라 행동을 한 것입니다.

자칫하면 우리의 아들 역시 이러한 낙인 효과로 인해 스스로를 무능한 말썽쟁이로 생각할 수 있을지도 모릅니다. 여학생들에 비해 부족하고 뒤처지며 말 안 듣는다는 비교를 당하게 되면 아들은 수치심을 느끼고 스스로 바보 같다고 자책할 수도 있다는 것이죠.

발달심리학자 에릭 에릭슨Eric Erikson은 인간이 태어나서 죽을 때까지 전 생애의 과정에 대한 발달적 특징을 주장한 학자인데요. 그는 연령에 따라 해결해야 할 발달 과업이 있으며 이를 해결하지 못할 경우 심리적 위기에 처하게 된다고 주장했습니다. 에릭슨의 발달 이론에 따르면 초등학교에 해당되는 아동기에 해결해야 하는 발달 과업은 바로 근면성을 기르는 것입니다. 초등학교에 다니는 것은 한 개인에게 매우 중요한 사건인데요. 엄마 혹은 양육자와 둘이 지내던 이전과 달리 많은 또래들과 함께 생활하며 배우게 되는 등 환경적으로 많은 변화를 겪는 시기입니다. 이런 상황에서 자연스럽게 자신을 남과 비교하게 되고 자신은 또래에 비해서 외모는 어떤지, 무엇을 잘하고 못하는지를 깨닫고 생각하게 된다는 것입니다.

또한 초등학교 교실과 운동장에서 끊임없이 성공과 실패를 경험하는 기회가 발생합니다. 수업시간에 질문에 답을 못했을 수도 있고 떠든다고 야단을 맞을 수도 있고 운동장에서 기를 쓰고 뛰었는데도 꼴찌를 할 수도 있습니다. 이런 모든 상황에서 바로 성공과 실패를 평가받게 되는 것이죠.

열심히 했는데도 얻어지는 것이 없을 때, 즉 근면성을 열심히 발휘했는데 결과가 좋지 않을 때, 게다가 다른 사람들과 비교당하고 야단맞고 꾸중들으면서 심리적으로 맞게 되는 위기가 바로 열등감인 것입니다.

부모의 유형과 아들의 특성은 어떤 관계가 있을까

상담을 하다 보면 부모와 자녀를 함께 만나게 되는 일이 종종 있는데, 부모가 자녀에게 대하는 행동과 자녀가 보이는 특성이 깊은 관련이 있다는 것을 발견하게 된다. 이에 대한 연구는 상당히 진전되어 있다고 볼 수 있는데 대표적인 예로 청소년 상담원에서 제시하는 부모 유형과 자녀의 특성 유형을 들 수 있다. 이 연구에서 부모의 유형은 자애로움과 엄격함이라는 기준에 따라 총 네 가지의 유형으로 구분해볼 수 있다. 엄격하면서 자애로운 부모 유형, 엄격하기만 하고 자애롭지 않은 부모 유형, 자애롭기만 하고 엄격하지 않은 부모 유형, 엄격하지도 않고 자애롭지도 않은 부모 유형이 그것이다. 부모의 유형에 따라 나타나는 자녀의 특성을 알아보도록 하자.

부모의 유형	부모의 특성	자녀의 특성
엄격하면서 자애로운 부모	• 자녀가 일으키는 문제를 삶의 정상적인 과정이나 한 부분으로 생각함. • 자녀에게 적절하게 좌절을 경험하게 하여 자기훈련의 기회를 제공함. • 자녀를 장점과 단점을 가진 한 인간으로 생각함. • 자녀의 장점을 발견하고 계발할 수 있도록 지지함.	• 자신감 있고 성취동기가 높음. • 사리분별력이 있음. • 원만한 인간관계를 유지함.
엄격하기만 하고 자애롭지 않은 부모	• 자녀에게 칭찬을 잘 하지 않음 • 부모의 권위에 거스르는 행동을 허락하지 않음. • 자녀가 잘못한 점을 곧바로 지적함. • 잘못한 일에는 반드시 체벌을 받아야 한다고 생각함.	• 걱정이 많고 항상 긴장하며 불안이 높음. • 우울하고 가끔 자살을 생각하기도 함.

자애롭기만 하고 엄격하지 않은 부모	• 자녀의 모든 요구를 들어줌. • 말은 엄격하게 하지만 행동은 하지 못함. • 가끔 극단적으로 벌을 주거나 분노를 폭발하고 난 뒤 심한 죄책감을 느낌. • 벌 자체가 나쁘다고 생각함.	• 책임을 회피하려는 말이나 행동을 자주 함. • 쉽게 좌절하고 좌절을 극복하기가 어려움.
엄격하지도 않고 자애롭지도 않은 부모	• 무관심하고 무기력함. • 칭찬도 벌도 주지 않고 비난만 함. • 자녀가 저지른 잘못에 대하여 일부러 했다고 생각함.	• 반사회적 성격을 보이며 무질서하고 적대감이 많음. • 혼란스러워하고 좌절감을 많이 느낌.

초등 잔혹기 이겨내기

초등학교 시기에는 남학생이 여학생보다 뒤처지는 양상을 보이는 것이 사실입니다. 인지 능력, 사회성, 정서 등의 다양한 영역에서 여학생들이 남학생들보다 빠르게 성숙하기 때문이죠. 그래서 여학생들은 남학생들의 모습을 유치하다고 여기며, 선생님은 목소리 크고 몸을 가만히 두지 못하며 과격한 행동을 보이는 남학생들을 야단치곤 합니다. 집에서도 크게 다르지 않은데요. 대체로 아들의 손아래로 딸이 있는 집을 보면 아들에 비해서 동생인 딸이 훨씬 빠르게 발달하기 때문에 동생이 오빠보다 부모님에게 사랑받는 행동이 무엇인지 알고 행동할 것입니다. 그러다 보니 집에서도 딸인 동생이 칭찬받고 오빠는 반대로 기가 죽는 경우도 많습니다.

학교에서나 집에서나 비교당하는 아들은 위축되고 열등감을 느끼게 될 수 있습니다. 그러므로 아들에게 잔혹하고 힘든 초등학교 시기를 잘 보낼 수 있도록 특별히 신경써줘야 하는데요. 어린 시기에 형성된 열등감은 일반적으로 성인이 된 후까지도 계속되며 자신감과 자존감에도 영향을 미치기 때문에 심신이 건강한 남성으로 아들을 키우기 위한 노력이 필요합니다.

피그말리온 효과로 기 살리기

교실에서 조용히 자신의 할 일을 알아서 하는 여학생들에 비해 시끌벅적한 남학생들은 대부분 선생님의 부정적인 관심의 대상이 됩니다. 지적을 받거나 경고의 의미로 이름을 부르는 일들이 그런 경우에 해당되는데요. 이런 경험들로 인해서 아들은 자신들을 여학생들보다 말썽을 부리고 머리가 나쁘다고 스스로를 평가절하해버리게 됩니다. 이 낙인은 아들이 성인이 된 뒤에도 여전히 남아 있어 자존감이나 자신감에 영향을 미칩니다. 그렇다면 아들에게 씌워진 낙인을 어떻게 하면 벗겨줄 수 있을까요?

낙인 효과의 반대말은 피그말리온 효과Pygmalion effect입니다. 피그말리온 효과는 그리스 신화에 등장하는 조각가 피그말리온의 이름에서 나온 말인데요. 피그말리온은 자신이 만든 조각상에 한눈에 반해 진심으로 사랑하게 되죠. 그리고 매일매일 사랑하는 연인을 대하듯 이름을 불러주고 아껴주며 온갖 애정을 쏟았습니다. 이 모습을 지켜보던 사랑의 신 아프로디테는 피그말리온의 사랑에 감동을 받아 조각상에 생명을 불어넣어 진짜 사람이 되게 해줍니다. 피그말리온의 사랑과 관심이 조각상을 살아 있는 여인으로 바뀌게 하는 기적을 만들어낸 것입니다.

아들의 낙인 효과를 물리치기 위해서는 바로 이 피그말리온의 사랑이 필요합니다. 피그말리온이 조각상을 사람으로 생각하고 연인으로 대해준 것처럼 학교에서 지적받고 야단맞는 아들을 능력 있고 멋진 사람이라고 생각하고 관심을 보이며 사랑해줘야 합니다.

실제로 이와 같은 관심과 기대가 사람을 바뀌게 만든다는 연구가 많습니다. 대표적인 예로 하버드 대학교 심리학과 교수인 로버트 로젠탈Robert Rosental과 20년 이상의 교사 경력을 지낸 초등학교 교장 레노어 제이콥슨Lenore Jacobson의 연구가 있습니다. 그들은 미국 샌프란시스코 초등학교 전교생을 대상으로 IQ 검사를 실시한 후 검사 결과와 상관없이 무작위로 20%의 학생을 추려내고는 교사들에게 허위 정보를 주었습니다. 뽑힌 학생들은 매우 머리가 좋고 앞으로 높은 성적이 기대되는 학생이라고 알려준 것이죠. 그 학생들 중 일부는 성적이 매우 낮거나 낙제를 받고 있는 학생도 포함되어 있었습니다. 8개월이 지난 뒤 로젠탈과 제이콥슨이 학교를 다시 방문했을 때 놀라운 변화가 나타나고 있었습니다. 교사들에게 허위 정보로 알려준 학생들이 다른 학생들에 비해 월등히 높은 성적을 보이고 있었으며 심지어 낙제 점수였던 학생까지 성적이 껑충 올라 있었던 것입니다.

연구자들은 과연 무엇이 이런 변화를 가져오게 했는지 면밀히 연구했습니다. 학생들의 변화에 영향을 미친 가장 큰 요인은 바로 교사의 관심과 기대였습니다. 교사들이 '저 녀석이 지금 성적이 나쁘더라도 언젠가는 탁월한 실력을 보일 거야', '저 아이가 이렇게 머리가 좋은 아이였다니 정말 잘 가르쳐야겠는걸'이라고 생각하게 되면서 이전과 달리 아이들의 실수를 격려해주고 아이들이 보이는 노력과 성취에 칭찬과 관심, 기대를 보이면서 아이들도 교사의 관심과 기대에 부응하고자 더욱 노력하게 되었던 것입니다.

세로토닌 보충하기

아들의 뇌에서는 도파민이라는 신경전달물질이 다량으로 방출됩니다. 도파민은 의욕, 경쟁심을 불러일으킬 뿐만 아니라 아들의 공격성과 충동성을 이끌어내는데요. 도파민은 눈앞에 당장 해야 하는 일들이나 단기적인 목표를 달성하는 데는 도움이 되지만 장기적으로 그렇지 않아요. 오히려 눈앞의 목표 달성에 실패했을 때 우울해지게 만들기도 합니다. 그 때문에 아들이 사소한 일에서 마음먹은 결과가 나오지 않을 때 의기소침한 모습을 보일 수 있습니다. 기분을 너무 들뜨거나 가라앉지 않도록 균형을 맞춰주는 역할을 하는 신경전달물질인 세로토닌이 아들의 뇌에서는 적게 분비되거든요. 아들의 특징 중 하나로 별것도 아닌 일에 승부욕이 발동해서 지지 않으려고 기를 쓰고 덤비는 행동을 들 수 있는데, 이러한 배경에는 바로 도파민이 있습니다.

　도파민은 아들의 추진력과 몰입을 이끌어내는 데 있어 중요한 역할을 하지만 하나에 빠지면 앞뒤 잴 것도 없이 행동하게 만들어 사소한 일에 매달리게 만드는 결과를 초래하기도 합니다. 도파민의 돌발 행동을 진정시켜주는 역할을 담당하는 신경전달물질이 세로토닌인데요. 세로토닌은 도파민의 급하고 공격적인 성향을 여유롭고 차분하게 만들어주기 때문에 아들의 뇌에 꼭 필요한 신경전달물질입니다.

　다행스러운 것은 도파민에 비해 세로토닌이 만들어지는 뇌의 영역이 상당히 넓은 편이라는 점이에요. 도파민은 전두엽을 비롯하여 변연계에서 주로 분비되는데, 세로토닌은 전두엽, 후두엽, 측두엽, 두정엽 등 대뇌피질 전반과 대뇌피질 안쪽의 변연계에서까지 분비되거든요. 그러므로 세로토닌이 활발하게 분비되도록 자극하면 아들의 공격성과 충동성을 조절하는 데 어느 정도 효과를 볼 수 있습니다.

잘 먹이고 푹 재우자

　첫 번째 기본은 음식이에요. 세로토닌을 분비하는 데 필요한 음식을 충분히 섭취하는 것이죠. 세로토닌은 트립토판tryptophane이 함유된 음식을 먹을 때 분비가 잘 되는데요. 트립토판이 함유된 대표적인 음식은 호두, 땅콩, 깨 같은 견과류와 곡물류입니다. 또한 유제품이나 바나나 등에도 트립토판이 많이 함유되고 있습니다.

두 번째는 잠인데요. 숙면을 취할 때 뇌에서는 멜라토닌melatonin 이라는 물질이 생성되는데 멜라토닌은 세로토닌과 떼려야 뗄 수 없는 관계에 있습니다. 세로토닌 없이 멜라토닌이 형성되지 않으며, 멜라토닌이 분비되지 않으면 세로토닌 분비도 어려워지는 상부상조 관계죠. 멜라토닌은 대체로 밤 10시부터 새벽 2시 사이에 분비됩니다. 그러므로 아들의 세로토닌 분비를 위해서는 일찍 잠자리에 드는 습관을 길러주는 것이 좋습니다.

우리의 기분이 들뜰 때 도파민이 형성되기도 하고 도파민이 분비되면 기분이 들뜨기도 합니다. 이처럼 기분과 신경전달물질은 서로 영향을 주고받고 있어요. 세로토닌도 마찬가지인데요. 세로토닌은 차분하고 따뜻한 기분을 느낄 때 분비되며 세로토닌이 분비되면 기분이 안정되는 것입니다.

아들이건 딸이건 부모와 함께 충분한 애정을 나누고 서로 지지하고 위로받을 때 세로토닌 분비가 활성화됩니다. 아들이 성장하면서 부모와의 애정 표현이 줄어들거나 쑥스러워질 수 있지만 아들의 건강한 정서와 차분한 마음 상태를 위해서는 부모와의 따뜻한 관계가 필요하다는 점을 기억해야 해요. 아들을 안아주고 격려하고 위로하는 부모의 행동을 통해 아들의 세로토닌의 분비가 활발해지거든요.

· SUMMARY ·

- 초등학생 아들의 뇌는 높은 수준의 테스토스테론과 낮은 세로토닌으로 인해 여학생들에게 뒤처지고 비교당하면서 잔혹기를 보내게 된다.
- 초등학교 시기 동안 아들은 자신을 열등하다고 생각하는 낙인 효과가 나타날 수 있다.
- 초등학생 아들의 뇌에 세로토닌이 분비되려면 충분한 음식 섭취와 더불어 부모의 따뜻한 지지와 격려가 필요하다.

아들의 기를 살려주는 생활 속 실천 강령

1. 비교는 금물

• 자녀란 부모의 유전과 환경에 의해서 형성된 독보적인 존재임을 잊지 말고 다른 집 아들과 비교하는 마음을 절대로 가져서는 안 된다.

• 청소년기 전까지 아들은 딸에 비해서 발달 속도가 느리다는 점을 잊지 말아야 한다. 그러므로 또래 여자 아이들의 성취나 행동을 비교하며 "너는 사내놈이 되가지고 왜 그 모양이냐"라는 말을 절대 해서는 안 된다.

2. 피그말리온 부모가 되자

• 피그말리온이 하얀 조각상을 연인으로 대했던 것처럼 아들의 장점을 칭찬해주고, 아들이 하는 일들에 대해서 기대를 보여주도록 한다. 아들의 강점과 장점은 의외의 측면에서 나타날 수 있고 그러한 강점과 장점이 장래에 어떠한 영향력을 발휘할지 아무도 모른다.

• 아들이 보이는 성과에 대해서 칭찬할 때는 "어제보다 오늘 숙제가 훨씬 보기 좋게 썼네", "이번 주 들어서 공부할 때 굉장히 집중하는 것 같다. 공부 시간도 20분이나 늘었네"처럼 구체적으로 하는 것이 좋다.

• 칭찬하면서 부모의 관심과 기대, 사랑을 느낄 수 있는 말도 함께 해준다. 가령, "남들이 뭐라 해도 나는 우리 아들이 해낼 것이라고 믿어", "끝까지 최선을 다한 우리 아들이 최고야!" 와 같은 말들로 관심을 보여준다.

뇌도 운동이 필요해

늦은 밤 귀가를 하다 보면 학원 차에서 우르르 내리는 초등학생들을 보게 됩니다. 학교 수업이 끝나고 나면 영어, 수학, 과학, 논술 등 다양한 학원을 거친 뒤 집에 돌아오고 나서도 각종 숙제에 시달리다가 반 실신 상태로 잠이 드는 것이 요즘 초등학생들의 일상이라고 할 수 있습니다.

학부모 모임에 가면 이런 자녀들을 보면서 엄마 마음 역시 편치 않다는 이야기를 자주 듣게 돼요. 아직 어린데 이 학원 저 학원 다니느라 친구들과 땅을 밟으며 뛰어놀지 못하는 모습이 안타깝지만 이렇게라도 하지 않으면 뒤떨어지는 것은 한순간이니 어쩔 수 없는 선택이라는 게 엄마들의 설명입니다.

엄마들의 마음과 선택이 십분 이해됩니다. 마음껏 뛰어놀 수 있는 시간은 이제 다시 돌아오지 않으니까 놀게 해주고 싶은 마음은 굴뚝같죠. 하지만 대학교도 들어가야 하고 번듯한 직장도 얻기 위해서는 어릴 때부터 기초를 단단히 잡고 공부해야 그만큼 똑똑해진다고 믿고, 또 사회적인 분위기 때문에 놀리기만 하면 뭔가 불안한 기분이 듭니다.

그런데 뇌 과학의 설명은 정반대입니다. 특히 아들의 뇌는 더욱 그렇습니다. 어릴 때 운동이나 등산 등 적극적인 활동을 많이 할수록 머리도 좋아지고 똑똑해진다는 것입니다.

운동장과 친해져라

과거에 학교 운동장은 언제나 시끌벅적했습니다. 아침 등교 시간, 쉬는 시간, 점심 시간, 하교 시간 할 것 없이 틈만 나면 아이들은 운동장에서 공을 찼고 숨이 턱에 차도록 뛰어다녔거든요. 하지만 요즘 초등학교 운동장에서는 그런 모습을 찾아보기 어렵습니다.

미국의 경우도 예외는 아닙니다. 떨어진 학력을 높이기 위하여 최근 미국 공립 초등학교의 40%가 쉬는 시간을 줄이거나 없애는 추세니까요. 그렇다면 정말 어른들이 원하는 대로 학생들의 성적이 쑥쑥 올라가고 있을까요?

안타깝게도 기대와는 달리 학교 폭력은 여전히 일어나고 있고 초등학생 평균 학력은 제자리 수준인 것으로 나타났습니다. 더욱이 남학생들의 낙제율은 여학생의 세 배에 달했습니다. 우리나라의 현실도 별반 다르지 않을 것이라고 생각됩니다. 공부 때문에 쉬는 시간을 줄이고 아이들에게 운동할 시간을 빼앗는 것은 뇌 발달에 대해 정확히 모르기 때문에 일어나는 일일 수 있습니다. 한창 성장하고 있는 아동들에게 진정으로 필요한 것은 책상에 앉아 공부하는 시간을 늘리는 것만은 아닐 것입니다.

초등학교 3~4학년이란 어린아이에서 소년으로 변화되는 연령대입니다. 야들야들한 팔과 다리에 근육이 붙고 골격이 다부져지면서 힘도 세지고 몸도 민첩해지죠. 게다가 아들의 뇌에서는 테스토스테론이라는 호르몬의 양이 빠른 속도로 증가하고, 도파민이라는 의욕을 불러일으키는 신경전달물질까지 더해지면서 온몸이 근질근질해지기 시작합니다. 이 두 가지 물질로 인해 아들의 뇌는 활동적이고 공격적인 행동 성향을 갖게 되거든요. 게다가 여학생에 비해서 아들은 높은 신진대사와 에너지양을 보유하고 있기 때문에 몸을 통해서 에너지가 발산되지 않으면 말썽으로 이어질 확률이 높아집니다.

운동이 아들의 뇌를 위해서만 필요한 것은 아닙니다. 뇌보다는 심리적인 이유 때문에 운동이 더욱 중요합니다. 대체로 어린 시기에 얼마나 운동을 했고 어떤 운동을 해보았는가에 따라 아들의 체격, 체력이 만들어지고 건강 상태에 영향을 미칩니다. 건강한 신체를 가진 아들은 자신의 신체 이미지에 대하여 자신감을 갖게 되며 정서적으로도 안정감을 느낍니다. 결국 어린 시절의 운동은 아들에게 신체, 정서의 기반이 되어 평생 영향을 줄 수 있는 매우 중요한 활동입니다.

따라서 아들은 운동과 친하게 지내는 게 중요하지요. 만약 운동이 부족하면 아들에게 어떤 일이 일어날까요?

첫 번째, 운동이 부족한 아들은 질병에 걸리기 쉽습니다. 세계보건기구의 보고에 따르면 전 세계의 아동과 청소년이 운동부족으로 각종 질병에 걸리고 있으며 그 대표적인 질병이 비만이라고 합니다. 실제로 런던 대학교 아동 건강 연구소의 연구 결과를 살펴보면 전 세계 65% 정도의 아동이 하루에 약 50분 남짓 운동하는 것으로 나타났습니다. 이것은 최소 권장 시간에도 미치지 못하는 결과인데요. 반면에 스마트폰, 텔레비전, 컴퓨터, 게임 등을 하거나 앉아 있는 시간은 매일 평균 6.4시간으로 나타났습니다. 주로 앉아서 시간을 보내는 아동 중 비만이거나 비만 가능성이 높은 아동이 많았습니다. 결국 운동부족은 비만과 직접적으로 연결되어 있는 것입니다.

두 번째, 운동부족은 아들의 자신감과 자아상에 부정적인 영향을 미칩니다. 대부분의 아들은 운동부족으로 비만이 된다고 해도 별로 신경쓰지 않을지도 모르겠습니다. 여학생들은 외모에 대한 관심이 일찍 나타나지만 아들은 그로부터 3~4년이 지난 뒤에야 자신과 또래들의 몸을 비교하기 시작하니까요. 즉 살이 너무 많이 쪄서 활동하기가 불편해지고 건강에 무리가 생기며 친구들처럼 날렵하게 움직이지 못하는 것을 보면서 자신감이 떨어지고 자신의 신체 이미지에 대해서 부정적인 생각을 하게 될 수 있다는 것입니다.

이러한 상태는 빈곤의 악순환으로 이어집니다. 자신의 모습을 부끄럽게 생각하면서 사람들 앞에서 자신의 모습을 드러내지 않기 때문에 더욱 운동과 멀어지게 되고 이로 인해 비만은 더욱 심해지는 것이죠. 비만은 결국 성조숙증을 비롯한 성장장애와 정서장애, 학습장애 등을 유발하게 됩니다.

미국의 저명한 청소년 전문가인 미네소타 대학교의 데이비드 월시David Walsh 박사는 신체 활동이 적은 아동과 청소년은 학업 성취가 낮고 학습 태도 등에서 문제를 보인다고 주장했습니다. 또한 화가 나거나 짜증이 나는 상황에서 자신의 기분을 조절하지 못해 공격적이고 폭력적인 행동으로 이어질 가능성이 매우 높다고 말하고 있죠.

땀방울이 인성을 만든다

언젠가 친구와 이런 통화를 하게 됐어요. 장마철이어서 끝도 없이 비가 오는 날이었는데 친구는 밖에 있다고 했습니다.

"장마에 어딜 그렇게 다녀?"
"딸 키우는 너는 내 심정 모를 거다. 이 아들놈들이 비와서 밖에 못 나가니까 집 안을 완전 쑥대밭으로 만들어놓잖아. 울며 겨자 먹기로 지금 동네 주민센터 체육관에다 풀어놨어."

움직이고 활동을 하는 것은 아이들, 특히 아들에게 중요합니다. 테스토스테론의 분비와 더불어 신진대사가 왕성한 아동기와 청소년기의 아들을 한곳에만 붙잡아둔다면 친구의 아들들처럼 집 안을 엉망으로 만들던가 아니면 별것도 아닌 일에 신경질이 폭발할 수도 있거든요. 그래서 아들의 뇌와 몸 전체에서 넘치는 에너지를 발산하는 운동이 필요한 것입니다.

그러나 많은 사람들이 운동을 하고 나면 피곤해져서 무슨 공부를 할 수 있겠느냐고 반문합니다. 이를 정면으로 반박하는 연구가 있는데요. 일본 오사카에 위치한 세이시 유치원은 아침 운동 유치원으로 유명합니다. 매일 아침 유치원에 등원하는 모든 아이들은 교실에 들어가기 전에 운동장을 일곱 바퀴씩 뜁니다. 거리로 환산하면 약 3㎞로 어른들도 숨이 턱에 찰 거리죠. 그런 뜀뛰기를 이제 예닐곱 살 된 아이들이 깔깔 웃으며 매일 뛰는 모습을 보고 충격을 받은 적이 있습니다.

사실 세이시 유치원은 일본의 저명한 뇌 과학자 시노하라 기쿠노리 박사의 뇌 발달 이론에 입각하여 모든 교육과정과 수업을 운영하고 있는 곳이거든요. 그가 주장하는 뇌 발달 이론의 핵심은 신체 활동 특히 발바닥을 자극하는 달리기, 뜀뛰기, 걷기 등의 운동이 뇌를 자극하고 활성화시킨다는 것이었습니다. 가장 신기한 점은 운동장을 일곱 바퀴나 뛴 아이들이 교실에 들어가서 피곤해하거나 지쳐 있는 것이 아니라 정반대로 눈을 반짝이며 선생님의 말에 귀 기울이고 집중하여 수업에 참여하고 있는 모습이었습니다. 시노하라 기쿠노리 박사는 지속적이고 규칙적인 발바닥 자극 운동과 신체활동은 뇌에 활력을 주고 뇌 발달을 촉진하여 학습에 필요한 기억력과 집중력을 향상시킨다고 이야기합니다.

일본의 연구뿐만 아니라 뇌 과학의 관점에서 볼 때 운동은 긍정적인 기분으로 만드는 신경전달물질을 생성해 바람직한 인성이 형성되도록 돕습니다. 숨이 찰 정도로 운동을 하면 심장이 강력하게 박동하면서 산소가 빠르게 뇌에 전달되고 동시에 신체 자극이 뇌에도 전달되어 세 가지 신경전달물질 분비를 촉진시켜주는데요. 도파민, 세로토닌, 노르에피네프린이 바로 그 주인공입니다. 이들이 함께 분비되면서 우리의 기분을 유쾌하고 긍정적인 상태로 만들어주고 마음을 안정시켜주는 것입니다.

운동이 안정적인 정서를 형성해서 인성 발달에 기여한다는 실제 사례를 보여주는 학교를 소개하겠습니다. 미국 시카고에는 네이퍼빌 센트럴 고등학교가 있는데 정규 수업이 시작되는 9시 이전에 학생들은 달리기, 스트레칭, 체조 등 체력을 다지는 데 필요한 기초 운동에 참여합니다. 0교시 체육수업의 효과는 딱 1년이 지난 뒤에 나타났습니다. 그중 가장 눈에 띄는 변화는 성적이었습니다. 놀랍게도 학생들의 학업성취도 수준이 미국 전체 학생 중 가장 높은 점수를 보였습니다. 의미 있는 변화는 인성에서도 나타났습니다. 특히 남학생의 공격성, 충동성이 현저하게 줄어들었으며 학생들 사이의 집단따돌림, 괴롭힘, 학교 폭력 등이 사라졌으니까요.

어떻게 이런 일이 일어난 것일까요? 바로 몸을 움직이고 운동을 하고 땀을 흘리면서 단순히 체력만 좋아진 것이 아니라 운동을 통해서 전달되는 자극이 뇌세포를 활성화시켜서 나타난 결과였습니다.

반대로 운동을 하지 않으면 아들에게 어떤 일이 일어날까요? 운동을 통해서 기분을 좋게 만들 수 있는 신경전달물질의 분비가 이루어지지 않으면 기분이 좋아지는 경험과도 멀어지게 됩니다. 게다가 호르몬의 영향으로 몸을 움직여야 안정이 되는 아들의 뇌는 옴짝달싹도 못하면서 에너지는 분노와 공격성으로 바뀌고 이것이 차곡차곡 쌓이다 보면 조절하기가 어려워지는 상태까지 이를 수 있습니다. 다른 사람들의 말을 끝까지 듣고 차분하게 행동하기도 어려워지며 사소한 자극에도 폭력적이고 충동적인 반응을 보여 주의력결핍 과잉행동장애로 이어질 수도 있게 됩니다

운동 잘하는
아들이 공부도 잘한다

원시 시대부터 존재했던 생명체가 인간으로 진화하면서 '생각, 의식'이 출현한 이유가 운동 때문이라는 흥미로운 주장이 있습니다. 단세포동물, 다세포동물, 척추동물 등으로 진화하는 동안 뇌는 생존을 위해 천적으로부터 도망가고 먹이를 찾아 움직이는 동안 감각 기능과 예측 능력, 판단 능력 등을 할 수 있는 생각과 의식이라는 것이 생겨났다는 관점입니다.

이런 관점에서 보면, 생명체가 환경에 적응하기 위해서 움직이던 것이 의식을 이끌어냈다고 볼 수 있습니다. 말하자면 운동이 뇌를 만들어낸 것이죠. 반대로 움직임이 없는 생명체에는 뇌가 존재하지 않는 것을 볼 수 있는데 대표적인 예가 멍게입니다. 멍게는 바위에 붙어 살면서 움직일 필요가 없기 때문에 뇌가 없습니다.

이처럼 움직임, 운동은 뇌가 만들어진 출발이 되며 뇌가 생각할 수 있도록 도와주는 중요한 활동입니다. 결국 운동은 공부, 학습에도 크게 영향을 미치고 있는 것이죠.

천연 영양제, 운동

학창시절, 선생님들께서 '건강한 신체에 건강한 정신이 깃든다', '건강이 뒷받침되어야 공부도 할 수 있다'와 같은 말씀을 많이 하셨잖아요. 나가서 10분이라도 뛰고 맨손체조라도 하라고 내몰아치시면 '아니, 지금 수학 문제 하나라도 더 풀어야지, 선생님은 아무 도움도 되지 않은 뜀뛰기와 체조는 왜 자꾸 하라고 하시지?'라고 불만이 가득했던 기억이 있습니다. 지금은 그 말씀이 얼마나 중요한지도, 어떤 의미로 하신 것인지도 알 수 있게 됐습니다.

운동은 신체를 건강하게 만들고 체력을 증진시킵니다. 근육이 단단해지면서 지구력도 생기고 운동 중에 호흡을 하면서 심장도 튼튼해지죠. 뿐만 아니라 동시에 생각의 근육도 튼튼하게 만들어줍니다.

운동은 뇌가 움직이는 원료를 제공하고 전달하는 역할을 하는데 우리가 하루에 먹는 음식과 들이마시는 산소 중 20%를 뇌가 소비합니다. 그러므로 뇌가 작동하고 발달하는 데 필요한 음식과 산소를 제때 공급받는 것이 중요합니다. 그런 점에서 몸을 움직이고 활동하고 운동하는 것은 뇌에 산소를 전달해주는 매우 효율적인 방법인 것이죠.

운동이 생각의 근육을 튼튼하게 만드는 것은 근육의 움직임에서도 일어납니다. 우리가 운동을 할 때 몸 근육의 수축과 이완이 일어나면 인슐린 양성인자 단백질이 만들어져서 혈관으로 흘러 들어가게 됩니다. 혈관을 통해 뇌로 전달된 인슐린 양성인자 단백질은 뇌세포를 성장시키고 발달을 이끄는 데 결정적인 역할을 합니다.

운동이 생각의 근육을 튼튼하게 만드는 또 다른 이유는 바로 뇌가 활동하고 발달하는 데 중요한 역할을 하는 영양제를 만들어주기 때문입니다. 우리가 몸을 움직여 운동을 할 때 뇌에서는 뇌유도신경성장인자BDNF가 분비되거든요. 이 물질은 시냅스를 강력하게 만들어주는 영양제입니다. 운동을 하면 우리 뇌에서 스스로 영양제를 만들어낸다고 볼 수 있는 것입니다.

미국 캘리포니아 대학교의 페르난도 고메즈 피니야Fernando Gomez-Pinilla 박사의 연구에 따르면, 뇌에 BDNF가 많은 사람일수록 학습과 기억에서 뛰어난 능력을 보인다고 합니다. 그와 반대로 뇌에 BDNF가 적은 사람은 새로운 내용을 학습하는 데 시간이 많이 걸리고 기억력도 현저하게 떨어진다고 해요.

또한 기억장애가 있는 사람들의 뇌 상태를 조사해보았더니, BDNF를 만들어내는 뇌에 유전적인 결함이 있는 것을 발견했습니다. 이런 사람들은 뇌가 새로운 사실을 저장하는 기능과 기억을 되살리는 데 어려움을 겪고, 시간이 지날수록 그 증상은 더욱 심각해진다고 합니다.

결국 운동은 단지 몸의 근육만 아니라 생각의 근육, 즉 뇌의 발달을 촉진시키는 데 필요한 산소와 영양분을 분비함으로써 공부하기에 최적의 뇌 상태로 만들어주는 1등 공신인 것입니다.

운동과 공부는 절친 사이

운동은 생각의 근육인 뇌를 발달시킬 뿐만 아니라 직접적으로 공부에 도움이 됩니다. 공부는 사고 능력, 판단 능력, 계산 능력, 기억력 등의 다양한 능력이 필요한데 이러한 능력들은 전두엽과 해마에서 담당합니다. 재미있는 것은 운동을 하게 되면 전두엽과 해마 영역의 뇌세포를 증가하게 만들어 그 영역이 커지게 된다는 것이에요. 뇌세포가 많아지고 부피가 커진 전두엽과 해마는 그만큼 인지 능력이 향상되는 것이지요.

운동을 통해 발달한 전두엽과 해마의 기능은 공부와 직결된다고 말할 수 있습니다. 미국 일리노이 대학교의 찰스 힐먼Charles Hillman 교수는 운동이 뇌와 학습에 미치는 효과를 입증했는데요. 일리노이 주에 재학 중인 초등학교 3학년과 5학년생 259명을 대상으로 달리기, 체조 등의 기초 운동을 하도록 한 후 운동 능력과 수학, 읽기 능력을 비교해봤습니다. 꾸준히 운동을 하여 운동 능력을 향상시킨 학생들은 읽기, 수학 과제에서 상당히 높은 성적을 보였으며 주의집중력도 향상되는 것으로 나타났습니다. 또한 지능 수준도 전반적으로 높아졌다는 결과도 보여졌습니다.

운동은 이처럼 생각의 근육인 뇌를 발달시키는 중요한 역할을 하며 이것은 바로 학습 능력 향상에 직접적인 영향을 미치고 있는 것입니다.

나무, 숲이 좋은 자극제

아들의 뇌가 제대로 작동하고 발달하기 위해서 운동은 상당히 중요합니다. 그렇다면 아들의 뇌에 도움이 되는 구체적인 운동, 혹은 신체활동에는 무엇이 있을까요? 아들의 뇌를 위한 운동은 거창하지 않아요. 몇 가지 원리만 따른다면 매우 단순하고 쉽습니다.

첫째, 자연 속에서 하는 것입니다. 아들의 뇌는 테스토스테론의 영향으로 끊임없는 움직임을 추구합니다. 실내보다는 되도록 자유롭게 몸을 움직일 수 있는 넓은 장소가 적합하다는 뜻입니다.

특히 아직 성장 중이며 시냅스를 한창 만들어내고 있는 초등학생 아들의 뇌는 자연 속에서 새로운 시냅스 형성의 기회를 갖게 됩니다. 매일 책, 문제집, 교과서에서 학습하는 내용들은 이미 익숙한 유형의 학습 자료잖아요. 하지만 자연 속에서 만나게 되는 다양한 자극들, 즉 꽃, 나무, 숲, 강, 들의 모습은 아들의 뇌에 새로운 자극이자 신선한 학습 자료가 돼줍니다. 그래서 처음 보는 꽃의 향기를 맡고 나무의 잎사귀를 보면서 완전히 새로운 시냅스가 만들어지고 신경전달물질이 형성되는 것이죠.

둘째, 전신 운동과 미세 운동을 겸비할 때 아들의 뇌는 똑똑해집니다. 전신 운동은 몸을 자유자재로 마음껏 움직이는 것을 말하는데 거칠 것 없이 뛰고 달리고 던지는 운동이 대표적인 예입니다. 전신 운동을 할 때 뇌에 신선한 산소가 공급되면서 넓은 공간 속에서 자유롭게 몸을 움직이는 것을 선호하는 아들의 우뇌가 발달하게 됩니다.

셋째, 아들과 부모님이 즐겁게 땀 흘리며 운동하는 경험을 통해서 뇌는 발달합니다. 부모가 나를 보호하고 지켜주고 있다는 생각은 아들의 정서적 안정에 큰 도움이 됩니다. 이렇게 안정적인 심리 상태에서 부모와 함께 땀을 흘리고 운동하게 되면 뇌에서는 BDNF가 분비됩니다. 뇌 발달을 촉진하는 영양제가 분비되면서 뇌세포 간의 연결은 더욱 튼튼해지고 이것이 아들의 인지 능력에도 영향을 미치는 것입니다.

그러나 한두 번 운동으로 뇌가 금방 발달하는 것은 아니에요. 뇌는 꾸준한 자극을 통해 시냅스가 강화되고 뇌 발달 상태가 유지되는 것입니다. 그러므로 사소한 활동이라도 자주, 규칙적으로 하는 것이 중요합니다. 운동이라고 반드시 운동장에 나가서 뛰어야 한다는 것이 아닙니다. 동네 뒷산을 오르내리는 일, 부모님과 함께 장을 보러 나가 물건을 함께 운반하고 정리하는 것도 모두 뇌를 자극하는 운동입니다. 그밖에 집에서 다같이 청소, 설거지, 빨래 등의 집안일을 하거나 가족이 짝을 지어 간단한 스트레칭을 하는 것도 훌륭한 운동법입니다.

• SUMMARY •

• 초등학교 시기에 아들은 운동을 통해 자아상과 자신감이 형성된다.

• 초등학생 아들은 운동을 통해 BDNF가 분비되어 안정적인 뇌 발달과 성장이 이루어지며, 인성과 학습 능력이 발달하게 된다.

• 초등학생 아들의 뇌 발달을 위해서 전신운동과 미세운동을 적절히 함께 해야 하며, 가족과 함께 즐겁게 땀 흘리며 하는 운동이 뇌 성장에 도움이 된다.

게임의 유혹,
엄마의 손길이 필요해

아들이 하루가 다르게 커지는 모습을 보면 뿌듯한 마음이 드는 것도 잠시, 하는 행동을 지켜보면 '아이고, 아직도 철들려면 멀었네' 하는 생각도 들기 마련입니다. 어느 쪽의 모습이 진짜일까요? 아들의 뇌는 딸에 비해서 천천히 발달하는 특징을 보이기 때문에 겉으로 보이는 모습으로 아들이 다 컸다고 판단하는 것은 위험할 수 있어요. 오히려 아들의 뇌가 스스로 행동과 감정을 조절할 수 있을 때까지 부모로서 아들을 훈육하고 지도해야 한다는 점을 기억했으면 합니다.

특히 아들의 뇌가 절대적으로 도움을 필요로 하는 것이 있는데, 바로 게임 중독입니다. 아들의 뇌는 딸에 비해서 청각적인 자극보다 시각적인 자극에 몰입하는 성향이 강하기 때문에 모바일 게임, 인터넷 게임 등에 쉽게 빠져들거든요. 설령 게임을 하지 않더라도 휴대폰을 손에서 떼어놓지 못하는 아이들이 많습니다. 밥을 먹을 때나 잠을 자기 직전까지 휴대폰을 들여다보고 또 들여다보고 있죠. 이러한 휴대폰 중독도 요즘 초등학생들에게서 나타나는 문제 중 하나인데요. 중독은 한 번 빠져들면 계속해서 더 강한 자극을 원하기 때문에 상당히 위험합니다. 그래서 '에이, 남자 녀석들 게임 좀 하면 어때?'라는 시선은 아들의 뇌를 망가뜨리는 행동입니다.

게임 권하는 사회

문명의 발달로 스마트폰, 컴퓨터, 태블릿 PC 등등을 쉽게 구매할 수 있는 세상이 되었습니다. 누구나 하나쯤은 전자기기들을 가지고 있죠. 지하철에서도, 식당에서도 사람들은 이 손바닥만 한 장치에 완전히 빠져 무언가를 하고 있습니다. 매우 흔한 일상의 한 모습이죠. 잠깐이라도 짬이 나면 습관적으로 스마트폰을 켜고 게임을 하기 시작합니다. 어른들도 이런데 아이들은 말할 것도 없습니다. 한창 시끌벅적한 나이인데도 남자 아이들이 입을 꾹 다물고 조용히 무엇인가를 하고 있다면 십중팔구 게임일 확률이 높습니다.

아들이 빠져 있는 게임을 들여다보면, 온라인상의 캐릭터들이 치고 박고 싸우는 게임, 온갖 무기를 사용하여 사람을 죽이면서 점수를 높이는 게임 등이 다수입니다. 게임 진행 중에는 이런 소리를 아이들이 들어도 괜찮은 건가 싶을 정도의 비명 소리, 총소리, 욕설 등이 여과 없이 떠돌아다니죠. 이런 게임, 해도 괜찮은 걸까요?

남자가 그럴 수도 있지라는 독

우리나라 문화적 특성을 보면 남성들에 대하여 상당히 관대한 편입니다. 남자 아이들이 치고 박고 싸우거나 욕을 해대도 "사내놈들이 크다 보면 다 그럴 수도 있다"라고 말하는 어른들이 많고, 실제로 그렇게 생각하는 사람들도 많으니까요. 그래서 좀 거칠고 폭력적인 행동을 보이더라도 '철들면 다 좋아질 거다'라고 낙천적으로 생각하기 일쑤인데요. 사람들이 생각하는 것처럼 이 모든 게 다 지나가는 통과의례의 과정일까요?

뇌 과학적 관점에서 보면 이런 장밋빛 시각은 옳지 않습니다. 현재 아동기의 아이들은 한창 발달하고 있는 상태이기 때문에 어떤 환경과 자극을 경험했는가에 따라 그 성장의 결과가 달라질 수 있다는 사실을 두려워해야 합니다.

현재 아동기에 있는 아들의 뇌 발달 상태를 설명하면, 한마디로 결정적 시기critical period라고 할 수 있습니다. 가장 잘 발달할 수 있는 시기라는 의미죠. 특히 인성, 학습 능력 등의 기초를 다지는 좋은 시기입니다.

아들의 뇌가 맞이하는 결정적 시기는 발달의 창문을 활짝 열어놓은 상태라고 말할 수 있습니다. 창문을 활짝 열어놓으면 원활하게 환기가 되는 것과 같이 무슨 자극이든 쉽게 받아들일 수 있는 상태인 것이죠. 그래서 쉽게 자극을 받아들이고, 한 번 학습한 내용은 잘 잊어버리지 않습니다.

이처럼 결정적 시기에 접한 자극이나 학습이 쉽게 잊히지 않는 것이 바로 각인입니다. 인성 및 학습에 있어서 최적의 학습 조건을 가진 상태라고 말할 수 있습니다. 이런 발달 상태의 또 다른 이면은 바로 민감함의 시기sensitive period의 특징을 가진다는 것입니다. 창문을 활짝 열어놓아서 공기가 흠뻑 들어올 수 있지만 그만큼 먼지나 각종 유해한 물질도 들어올 가능성이 있다는 뜻인데요. 아들은 좋은 자극, 바람직한 환경에만 놓이는 것은 아니고 어느 순간 어디에서건 해로운 자극과 환경 또한 접할 수 있는 것입니다. 이때 말하는 나쁜 자극은 대부분 중독에 빠지는 것들이 많습니다. 앞서 말한 게임, 욕과 같은 언어 폭력 등이 대표적인 예죠.

게다가 아동기 아들의 뇌는 환경과 자극에 대하여 선별하고 나쁜 자극에 휘둘리지 않을 수 있는 조절과 통제 능력이 충분히 발달하지 않은 상태입니다. 특히 초등학교를 다니는 시기의 아들은 스스로 판단하고 올바르고 합리적인 의사결정을 내리는 역할을 담당하는 전두엽이 여전히 미성숙한 상태에 놓여 있음을 기억해야 합니다. 그러므로 아들의 건강한 뇌 발달을 위해서는 어른들의 현명하고 지혜로운 지도가 반드시 필요합니다. 때로는 강하게 훈육도 해야 합니다. 아들이 보이는 문제 행동에 대해서 남자 아이들의 통과의례처럼 여기고 방치한다면 아들은 너무도 쉽게 나쁜 자극을 받아들이고 빠져들어서 결국 헤어나오지 못하게 될 수도 있으니까요. 이렇게 되면 아들은 평생 너무도 가혹한 대가를 치르게 됩니다. 가장 심각한 대가는 뇌가 망가지는 것입니다. 반대로 성장 중에 있는 아들의 뇌에 긍정적인 자극과 경험이 주어지면 아들의 뇌는 그러한 자극과 경험에 따라 꽃을 피우고 발달하게 됩니다.

공격성은 아들의 본능

아들 키우는 집과 딸 키우는 집의 분위기는 매우 다른 경우가 많습니다. 활동성이 차이의 핵심이라고 볼 수 있는데요. 활동적이고 흥분을 잘하며 몸을 움직여야 하는 아들은 옆에서 보기만 해도 정신이 없을 정도입니다. 아들만 키우는 어느 엄마가 딸만 키우는 집에 갔다가 깜짝 놀랐다는 이야기를 들은 적이 있어요. 마침 딸 키우는 집에 딸의 동성 친구들이 놀러와서 밥을 먹는데 너무도 얌전히 자기 자리에 잘 앉아서 밥을 먹더라는 것이었죠. 아들 키우는 집에서는 그 모습이 꿈의 식탁이었다며 너스레를 떨었던 기억이 납니다. 딸과 아들을 키우는 집의 일상이 소소하게 다를 수 있다는 것을 보여주는 대목이지요.

활동적이고 몸을 많이 움직여야 하는 아들의 행동은 진화적인 역사에 영향을 받았다고 말할 수 있어요. 원시시대부터 남자는 사냥의 역할을 담당했잖아요. 먹잇감을 잡기 위해 곳곳을 뛰어다니며 사냥감을 공격하고 달려들고 뒹굴어야 했죠. 목표를 성취한 후 남자는 가족들과 둘러앉아 사냥감을 먹으며 다음 기회를 위해 힘을 비축하였을 것입니다.

이런 남자의 역할을 수행할 수 있도록 남자의 뇌는 구조화되어 있는데, 가장 두드러진 점이 바로 흥분성 신경망이 활성화되어 있다는 점이에요. 자신보다 몇 배나 크고 빠른 짐승을 사냥하기 위해서 남자는 더욱 흥분하고 공격적인 상태가 되어야 하는데 이러한 상태로 이끄는 것이 바로 흥분성 신경망이거든요. 흥분성 신경망이 활성화하는 데 결정적인 역할을 하는 것이 바로 도파민이고요. 이와 같이 흥분성 신경망이 활성화되고 도파민이 분비된 후에야 남자는 안정이 되고 평온해진다는 것을 이해하면 좋겠습니다.

이런 흥분성 신경망과 도파민의 분비는 남자의 뇌를 지배하는 주요 특징으로 계속 전해졌는데, 현대의 삶 속에서는 남자들이 원시시대처럼 사냥을 하고 공격성을 표출할 기회가 점점 사라지고 있는 것이 사실입니다. 아직 성장 중이라고 하더라도 아들 역시 남자이므로 이와 같은 특성을 그대로 안고 있다고 볼 수 있어요. 밖으로 뛰어나가서 흥분성 신경망이 활성화되고 도파민이 배출되는 경험이 적은 아들일수록 이러한 공격성이 차곡차곡 쌓이게 되는데 그러다가 게임, 욕 등 공격적인 행동을 표출할 수 있는 자극들을 접하게 되면 이것을 통해서 흥분하고 계속해서 매달리게 되는 것입니다. 흥분과 공격 에너지를 가지고 있는 아들의 뇌가 중독에 빠져들지 않도록 하기 위한 첫 출발은 바로 이를 건강하게 발산하고 표출할 수 있는 방법을 찾아주는 것입니다.

아들 뇌의 천적, 게임

청소년 휴대폰 사용에 대한 설문조사를 실시한 결과, 남학생들은 주로 게임을 하는 데, 여학생들은 채팅과 같이 친구들과 의사소통을 하는 데 휴대폰을 더 많이 활용한다고 합니다. 특히 현란하고 파괴적인 시각 자극에 현혹되기 쉬운 아들의 뇌는 오늘도 문명의 발달에 대한 대가를 톡톡히 치르고 있는 중입니다.

바늘 도둑이 소 도둑 된다

어른들이 빠지기 쉬운 중독 중 높은 비율을 차지하는 것이 바로 도박 중독입니다. 도박 중독은 자신의 돈을 잃을 가능성이 매우 크다는 점을 머리로는 알고 있지만, 아무리 절제를 하려고 해도 저항할 수 없는 충동으로 반복적으로 도박을 하는 행동을 말합니다. 도박 중독에 빠진 경우 흥분감을 느끼기 위해 도박에 거는 액수가 점점 커지고 도박에 필요한 돈을 구하기 위해 불법적인 일도 마다하지 않게 되며 도박을 하지 않으면 불안하고 초조해지기 때문에 더욱 벗어나기가 어렵습니다.

이러한 도박 증상과 동일한 증상이 바로 아들의 게임 중독에서 나타나는데요. 게임을 하지 않고 있는 시간에도 온통 게임으로 머릿속이 가득 차 있고, 게임을 하기 위해서 부모에게 거짓말을 하고 학교도 빠지게 되며 심한 경우 돈도 훔치게 됩니다. 문제는 이런 게임 중독에 빠지는 아동과 청소년의 비율이 점점 늘어나는 추세라는 겁니다.

게임 중독에 빠진 아들의 행동 특성을 보면 늦게까지 몰래 게임을 하느라 늦잠을 자게 되며 이러한 행동이 반복되면서 시간을 조절하는 기능도 상실하게 됩니다. 그러다 보면 학교에 앉아 있다고 해도 계속해서 게임 생각이 나서 결국 학교 밖으로 나오게 되고 말죠. 더욱 문제가 되는 것은 금단 증상으로 인해 나타나는 폭력성이에요. 부모님이 게임을 하지 못하게 했을 때 감정 조절을 하지 못하고 폭언과 폭력적 행동을 하게 되는 것이죠.

더욱 충격적인 사실은 게임에 빠진 아이들의 뇌와 마약 중독에 빠진 어른들의 뇌의 상태가 동일하다는 것이었어요. 이를 입증하는 연구로 로체스터 대학교의 라이안Ryan 교수팀에서 발표한 결과가 있는데요. 연구팀에 따르면 일주일에 20시간 이상 게임을 하는 아동의 뇌를 촬영한 결과 마약 중독에 빠져 뇌가 손상된 어른들의 뇌와 동일한 부분에서 문제가 생긴다고 합니다.

마약 중독인 어른의 뇌를 보면 오른쪽 눈 안쪽에 위치하고 있는 안와 전두엽 부분이 손상된다고 해요. 안와 전두엽은 감정을 조절하고 합리적으로 판단하며 의사를 결정하는 기능을 담당하는 영역인데 장기간의 마약이 안와 전두엽을 파괴하여 사고, 판단, 감정조절이 어려워지게 만든 거죠. 그런데 게임에 중독된 아동들의 뇌도 안와 전두엽에 문제가 생기는 것으로 나타났다는 겁니다.

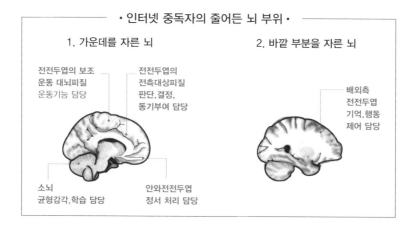

· 인터넷 중독자의 줄어든 뇌 부위 ·

1. 가운데를 자른 뇌

전전두엽의 보조
운동 대뇌피질
운동기능 담당

전전두엽의
전측대상피질
판단,결정,
동기부여 담당

소뇌
균형감각,학습 담당

안와전전두엽
정서 처리 담당

2. 바깥 부분을 자른 뇌

배외측
전전두엽
기억,행동
제어 담당

전두엽에 문제가 생기면 정상적인 사고 기능은 물론 현실과 화면 속 가상의 세상을 구별하지 못하게 됩니다. 그래서 게임에서의 폭력 행동을 실제 사람들에게 실행하여 참사를 일으키기도 하는 것입니다. 게임 중독이 뇌의 구조까지 바꾼다는 연구 결과도 있습니다. 세계적으로 권위 있는 의학 학술지 《플로스원》에서 발표된 게임 중독에 관한 연구 결과를 살펴보면, 하루에 10시간 이상 인터넷 게임을 하는 대학생 18명과 2시간 미만으로 즐기는 대학생 18명의 뇌를 촬영하여 살펴본 결과 사고 능력과 인지 기능, 정서 조절을 비롯한 인간으로서 필요한 대부분의 능력을 담당하는 전전두엽 영역이 크기가 줄어드는 것으로 나타났습니다.

온라인에서 시행되는 모든 게임이 중독성이 있다는 점은 이미 기정 사실입니다. 그리고 무엇보다 아들은 스스로 통제하고 조절할 수 있는 능력이 발달하지 않았기 때문에 어른들의 제재와 지도가 절대적으로 필요한 상태라는 점을 반드시 기억해두셨으면 합니다.

양날의 검, 스마트폰

스마트폰은 대단한 발명품입니다. 개인용 PC를 인간 손바닥만 한 크기로 줄여서 인간의 삶을 보다 편리하게 만들었으니까요. 하지만 최근 한국 정보화 진흥원의 조사 결과를 살펴보면, 스마트폰 중독자 중 초등학생부터 10대 청소년까지가 가장 높은 비율을 차지하고 있습니다.

우리 주변에서도 스마트폰에 빠진 아이들 모습을 쉽게 볼 수 있는데요. 밥 먹을 때, 화장실 갈 때 등등 무엇을 하건 스마트폰 없이 단 한순간도 지나치지 못하는 것이죠. 너무 지나치다 싶어 스마트폰을 뺏거나 사용하지 못하게 하면 깜짝 놀랄 만큼 격렬한 반응을 보이고 분노를 표출합니다.

많은 사람들이 스마트폰을 실생활에 필요한 도구로만 생각하는데 아직 성장 중에 있는 아동에게는 그다지 바람직한 물건이 아닙니다. 미국 시카고 대학교의 월헴 호프만Wilhelm Hoffman 교수팀과 하버드 대학교의 존 레이티John J. Ratey 교수가 이를 입증하는 연구를 했습니다. 그들의 연구를 살펴보면 스마트폰은 담배, 술보다 중독성이 훨씬 강력하다고 합니다. 특히 아들에게 이러한 중독성이 강하게 나타날 수 있는데 그 이유는 앞서 설명한 것처럼 즉각적인 반응, 반짝거리는 시각 자극 등이 아들의 뇌에 도파민을 배출하게 만들어 쾌감을 느끼게 하기 때문입니다.

더욱 심각한 것은 스마트폰의 부작용인데요. 우리 아들이 중독 수준까지는 아니라고 생각하는 엄마들이 대다수지만 안심할 문제가 아닙니다. 하루에 4~5시간씩 스마트폰을 사용하는 아동들 중 상당수가 주의력결핍 과잉행동장애의 위험이 있거나 유사 증상을 보이기 때문입니다. 스마트폰을 많이 사용하는 아이들이 주의집중을 하지 못하고 산만하며 충동적이고 폭력적인 행동을 보인다고 것이죠.

이와 같은 뇌 상태를 대해 미국 워싱턴 정보대학원의 데이비드 레바이David Levy 교수는 '팝콘 브레인popcorn brain'이라고 말했습니다. 스마트폰을 자주 보는 사람들은 주의력이 떨어져서 웬만큼 강한 자극 즉, 팝콘이 팡팡 튀는 것과 같은 강력한 자극에만 반응을 보인다는 뜻인데요. 실제로 스마트폰에 중독된 아동들의 뇌를 촬영해보니 일정하게 깜빡이는 불빛과 소리에 맞춰 손뼉을 쳐보라고 했을 때 불빛이나 소리에 대한 뇌의 반응 속도가 무척 떨어지는 것으로 나타났습니다.

또한 스마트폰의 빠른 속도는 아들의 뇌 정보 처리 속도를 훨씬 넘어서기 때문에 이를 따라가지 못하면서 집중력과 주의력을 떨어뜨려 결국 인지 기능과 사고 능력을 망치게 됩니다.

우리 아들 게임, 스마트폰 중독일까?

게임 중독 자가 진단 방법
게임을 자주 하는 아들의 중독 여부를 진단해볼 수 있는 질문들이다. 아들
과 부모가 각각 응답한 뒤 서로의 답안을 비교해보는 것도 좋다.

1. 게임하는 시간이 점점 길어지는 것 같다.
① 예 ② 아니오

2. 게임을 하고 있지 않으면 불안하고, 초조하다.
① 예 ② 아니오

3. 게임을 안 하고 있을 때도 계속해서 게임 생각만 한다.
① 예 ② 아니오

4. 부모님이나 어른들이 게임을 못하게 하면 화를 낸다.
① 예 ② 아니오

5. 원래 약속한 시간보다 훨씬 게임을 오래 하게 된다.
① 예 ② 아니오

6. 게임을 하느라 잠자는 시간을 놓치는 적이 자주 있다.
① 예 ② 아니오

7. 게임 때문에 내 몸과 마음이 나빠지는 것 같지만 그만두지 못하겠다.
① 예 ② 아니오

8. 우울하고 불안할 때마다 게임 이외에 다른 것은 생각나지 않는다.
① 예 ② 아니오

9. 게임 때문에 해야 할 일을 못하고 나면 나 자신이 너무 싫다.
① 예 ② 아니오

10. 게임 때문에 식사를 거르거나 화장실 가는 것도 잊은 적이 있다.
① 예 ② 아니오

결과 보기
위의 질문 중 7개 이상에서 "예"라고 응답했다면 게임 중독의 가능성이 높다. 5개 이상에서 "예"라고 응답한 경우에도 고위험군에 포함될 가능성이 있다.

스마트폰 중독 자가 진단 방법
한국 정보화 진흥원에서 개발한 스마트폰 중독 여부를 진단하기 위한 검사 문항이다. 자녀가 직접 풀어볼 수도 있고, 부모가 옆에서 관찰했을 때 모습을 떠올리면서 응답할 수도 있다.

1. 스마트폰의 지나친 사용으로 학교 성적이 떨어졌다.
① 전혀 그렇지 않다 ② 그렇지 않다 ③ 그렇다 ④ 매우 그렇다

2. 가족이나 친구들과 함께 있는 것보다 스마트폰을 사용하고 있는 것이 더 즐겁다.
① 전혀 그렇지 않다 ② 그렇지 않다 ③ 그렇다 ④ 매우 그렇다

3. 스마트폰을 사용할 수 없게 된다면 견디기 힘들 것이다.
① 전혀 그렇지 않다 ② 그렇지 않다 ③ 그렇다 ④ 매우 그렇다

4. 스마트폰 사용시간을 줄이려고 해보았지만 실패했다.
① 전혀 그렇지 않다 ② 그렇지 않다 ③ 그렇다 ④ 매우 그렇다

5. 스마트폰 사용으로 계획한 일, 공부, 숙제 또는 학원 수강 등을 하기 어렵다.
① 전혀 그렇지 않다 ② 그렇지 않다 ③ 그렇다 ④ 매우 그렇다

6. 스마트폰을 사용하지 못하면 온 세상을 잃은 것 같은 생각이 든다.
① 전혀 그렇지 않다 ② 그렇지 않다 ③ 그렇다 ④ 매우 그렇다

7. 스마트폰이 없으면 안절부절못하고 초조해진다.
① 전혀 그렇지 않다 ② 그렇지 않다 ③ 그렇다 ④ 매우 그렇다

8. 스마트폰 사용시간을 스스로 조절할 수 있다.
① 전혀 그렇지 않다 ② 그렇지 않다 ③ 그렇다 ④ 매우 그렇다

9. 수시로 스마트폰을 사용하다가 지적받은 적이 있다.
① 전혀 그렇지 않다 ② 그렇지 않다 ③ 그렇다 ④ 매우 그렇다

10. 스마트폰이 없어도 불안하지 않다.
① 전혀 그렇지 않다 ② 그렇지 않다 ③ 그렇다 ④ 매우 그렇다

11. 스마트폰을 사용할 때 그만 해야지라고 생각은 하면서도 계속한다.
① 전혀 그렇지 않다 ② 그렇지 않다 ③ 그렇다 ④ 매우 그렇다

12. 스마트폰을 오래 한다고 가족이나 친구들로부터 불평을 들은 적이 있다.
① 전혀 그렇지 않다 ② 그렇지 않다 ③ 그렇다 ④ 매우 그렇다

13. 스마트폰 사용이 지금 하고 있는 공부에 방해가 되지 않는다.
① 전혀 그렇지 않다 ② 그렇지 않다 ③ 그렇다 ④ 매우 그렇다

14. 스마트폰을 사용할 수 없을 때 패닉상태에 빠진다.
① 전혀 그렇지 않다 ② 그렇지 않다 ③ 그렇다 ④ 매우 그렇다

15. 스마트폰 사용에 많은 시간을 보내는 것이 습관화되었다.
① 전혀 그렇지 않다 ② 그렇지 않다 ③ 그렇다 ④ 매우 그렇다

채점 방법
• 문항번호 8, 10, 13번은 ① 전혀 그렇지 않다 / 4점, ② 그렇지 않다 / 3점, ③ 그렇다 / 2점, ④ 매우 그렇다 / 1점으로 채점

• 나머지는 ① 전혀 그렇지 않다 / 1점, ② 그렇지 않다 / 2점, ③ 그렇다 / 3점, ④ 매우 그렇다 / 4점으로 채점

결과 보기
• 총점 45점 이상: 고위험 사용자
스마트폰 사용으로 인해 일상생활에서 심각한 장애를 보이면서 내성 및 금단 현상이 나타난다. 스마트폰으로 이루어지는 대인관계가 대부분이며, 비도덕적 행위와 막연한 긍정적 기대가 있고 특정 앱이나 기능에 집착하는 특성을 보이기도 한다. 현실 생활에서도 습관적으로 사용하게 되며 스마트폰 없이는 한순간도 견디기 힘들다고 느낀다. 따라서 스마트폰 사용으로 인해 학업이나 대인관계를 제대로 수행할 수 없으며 자신이 스마트폰 중독이라고 느낀다.

• 총점 42-44점: 잠재적 위험 사용자
고위험 사용자에 비해 경미한 수준이지만 일상생활에서 장애를 보이며, 필요 이상으로 스마트폰 사용시간이 늘어나고 집착하게 된다. 학업에서 어려움이 나타날 수 있으며 심리적 불안감을 보일 수도 있지만 절반 정도는 자신이 아무 문제 없다고 생각하기도 한다. 스마트폰 중독에 대한 주의가 필요하다.

• 총점 41점 이하: 일반 사용자

대부분 스마트폰 중독에서 문제가 없다고 생각한다. 심리적 정서 문제나 성격적 특성에서도 특이한 문제를 보이지 않으며, 자기 행동에 대한 관리나 통제를 할 수 있다고 생각한다. 그렇다고 해도 아동이나 청소년들은 스마트폰 중독에 대한 각별한 관리와 주의가 필요하므로 건전한 활용에 대한 지속적인 점검을 수행하는 것이 바람직하다.

아이와 몸으로 놀아주세요

10세 무렵 아들의 뇌는 나쁜 자극에 쉽게 빠져들 수 있는 발달 상태이지만, 유연성이 높고 발달의 창문이 열려 있기 때문에 잘못된 자극과 시냅스 연결망도 수정할 수 있습니다. 지금부터 아들의 뇌를 중독에서 구해내는 방법에 대해 알아봅시다.

자연은 최고의 친구

게임 중독에 빠진 남학생들을 만나게 되면 가족들도 힘들어하지만 중독에 빠진 학생 스스로도 괴로워하는 모습을 보게 됩니다. 그런 학생들이 가지고 있는 공통점을 굳이 찾아보자면 혼자 지내는 시간이 많다는 것이었어요.

또래 친구들이 없는 초등학생들을 보면 집단 따돌림의 상처가 있거나 소극적인 성격으로 친구를 사귀지 못하고 여러 사람들과 함께 있을 때 심한 불안을 느끼는 경우가 많았는데요. 이런 경우 상대적으로 게임, 스마트폰 등에 빠지기 쉽습니다.

요즘 남자 아이들의 문화적 풍토가 게임을 중심으로 형성되기 때문에 게임을 해야 하는 상황이 발생하는 경우도 있습니다. 흡연 남성이 자신은 정말 담배를 끊고 싶지만 회사에서 팀장님이 담배를 피우는 시간에 중요한 정보를 알려주기 때문에 어쩔 수 없다고 이야기하는 것과 비슷한 원리죠.

게임 중독, 스마트폰 중독 등에서 아들의 뇌를 보호하기 위하여 가장 신경 써야 하는 것은 환경입니다. 중독에 이르지 않기 위해서는 게임, 스마트폰과 물리적으로 멀어지는 게 중요합니다. 그렇다면 어떤 환경을 조성해야 하는지 알아봅시다.

첫 번째는 가족과 함께 자연에서 자주 시간을 보내는 것입니다. 사냥꾼의 뇌에서 출발한 아들의 뇌는 자연 속에 있을 때 가장 자연스러울 수 있거든요. 가족이 함께 의식적으로 스마트폰, 컴퓨터가 없는 자연 속에서 시간을 보내는 노력이 필요하다는 말입니다. 아들에게만 스마트폰, 게임에서 멀어지라고 강요하지 말고 자연으로 갈 때는 온 가족이 스마트폰을 보지 않도록 하는 것이 중요합니다. 맑은 공기 속에서 뛰어다녀보고 자연을 관찰하는 시간을 갖게 되면서 아들의 뇌는 에너지를 건강하게 발산하고 게임, 스마트폰으로부터 멀어질 수 있습니다.

　두 번째, 아들이 현실 공간에서 재미를 찾을 수 있도록 도와줍시다. 우리가 숨 쉬고 말하고 움직이는 실제 공간 속에서 무엇인가를 하도록 유도해야 한다는 뜻인데요. 부모와 함께 보내는 시간이 적거나 가정불화가 있는 아동의 경우 우울증, 친구 문제, 학교에서의 적응 문제, 공부 문제 등이 발생하게 되면 이를 적절하게 해소하지 못하고 가상 세계에 빠질 확률이 높습니다. 직접 문제를 해결할 능력이 없는 어린 아들은 자신이 감당할 수 없는 괴로운 상황이 발생했을 때 이를 잊게 해줄 무엇인가를 찾게 되거든요.. 그러므로 아들이 문제를 겪을 때 속을 터놓고 이야기할 수 있는 사람이 있는지를 항상 점검하고 스트레스를 받거나 마음이 괴로울 때 도움을 받을 수 있도록 해야 합니다. 마음이 힘들 때는 아들이 즐겁게 몰입할 수 있는 취미활동을 함께 찾아주는 것도 좋은 방법입니다. 가상 공간이 아니라 실제로 아들이 자신의 몸을 움직여서 에너지를 사용할 수 있는 활동을 한다면 중독에 빠질 가능성이 상당히 줄어들거든요. 아들은 농구, 축구 등의 격렬한 신체적 활동을 하게 되면 오히려 차분해지며 스마트폰이나 인터넷을 사용하고자 하는 욕구도 줄어듭니다.

　10세 이하의 자녀라면 게임이나 스마트폰을 사용하지 못하게 하는 것만으로도 중독에서 벗어날 수 있습니다. 견디기 괴로운 금단 증상이 나타난다고 하더라도 3주 정도의 시간을 버티면서 운동 등 다양한 취미활동을 하면 중독으로부터 벗어나 건강하게 활동할 수 있게 됩니다.

건강한 뇌를 위한 가족 규칙

중독에서 아들의 뇌를 보호하기 위하여 가족 간의 규칙을 세울 것을 제안합니다. 부모의 엄격한 훈육도 필요하지만 아들이 항상 염두에 두어야 할 일관적인 가족 규칙이 매우 절실합니다.

아들의 뇌를 위한 가족 규칙 첫 번째는 컴퓨터를 아들 방이 아닌, 가족 공용 공간에 두는 것입니다. 게임 중독의 아이들이 보이는 공통점은 자기 방에 컴퓨터가 있다는 것인데요. 방에 들어가 혼자서 문을 걸어 잠그면 아이들은 부모의 통제에서 벗어나게 되기 때문에 더욱 공격적이고 폭력적인 게임에 빠져들게 됩니다. 그러므로 컴퓨터는 가족 구성원 모두가 사용하는 것이라는 생각을 심어주면서 자녀가 컴퓨터를 사용할 때 자연스럽게 부모가 자녀를 관찰할 수 있는 환경을 조성하는 것이 바람직합니다.

두 번째, 스마트폰 사용에 대한 규칙을 세우는 것입니다. 집에 들어오면서부터는 온 가족이 스마트폰은 사용하지 않고 식탁 위 혹은 가족 스마트폰 보관함에 올려놓아야 한다는 규칙을 정해서 지키도록 합니다. 부모는 자녀와 대화할 때 스마트폰을 사용하거나 집에서도 스마트폰이나 컴퓨터에 빠져 있는 모습을 보이지 않아야 한다는 규칙을 함께 세워두는 것이 무엇보다 중요합니다.

세 번째는 부모의 곧은 결심과 마음가짐인데요. 중독에 빠진 아이들의 부모들과 상담을 할 때, 거의 대부분의 부모가 자녀에게 휘둘리고 있었습니다. 스마트폰을 뺏고 게임을 못하게 했을 때 자녀가 보이는 폭력과 공격이 두려워서 차마 강하게 대응하지 못하고 있는 것이었죠. 그런데 문제는 자녀들이 부모의 이러한 약한 마음을 이용한다는 것입니다. 아이들은 자신들이 화를 내고 폭발하면 부모가 자신의 말을 들어준다는 것을 잘 알고 있으니까요.

가정의 중심은 자녀가 아니라 부모라는 것을 잊지 마세요. 아직 통제 능력이 없는 자녀들에게 올바른 가치를 심어주고 이끌어주어야 하는 사람은 바로 부모거든요. 자녀가 잘못된 행동을 할 때 권위 있고 강한 모습으로 잘못을 지적해야 건강한 성인으로 성장할 수 있게 됩니다.

· SUMMARY ·
· 초등학생 아들의 뇌는 민감함의 시기에 있기 때문에 나쁜 자극에 쉽게 빠져든다.
· 초등학생 아들의 뇌는 게임 중독, 스마트폰 중독에 빠지기 쉬우며 이러한 상태는 약물 중독과 마찬가지의 상태다.
· 건강한 아들의 뇌를 위해서는 게임, 스마트폰보다는 자연에서 가족과 함께 보내며 건강한 자극을 제공하는 것이 바람직하다.
· 초등학생 아들의 뇌 건강을 위해서는 매체 사용에 대한 가족의 규칙을 세우고 지키는 것이 중요하며, 부모가 중심이 되어 가족의 올바른 가치를 형성하도록 노력해야 한다.

아들의 뇌를 게임에서 구하는 현명한 방법

테크 네이티브Tech Native라는 말이 있다. 태어날 때부터 컴퓨터, 모바일 기기, 인터넷 등과 함께 더불어 삶을 살아갈 수밖에 없는 우리 아이들을 가리키는 말이다. 이 말은 우리 아이들이 게임, 인터넷, 스마트폰에 중독되기 쉬운 환경에 노출되어 있다는 의미이기도 하다. 그렇다고 해서 우리 아이들을 이런 테크놀로지에서 완전히 차단해서 살아가게 할 수는 없고, 부모로서 손 놓고 있을 수도 없다.

이러한 부모들의 고민을 해결할 수 있는 방안이 최근에 제시되면서 건강하게 테크놀로지를 누릴 수 있는 가능성이 열리고 있다. 특히 기계와 게임 등에 타고난 흥미를 가진 대부분의 아들에게 도움이 될 만한 소식이다. 바로 코딩coding 교육이다.

코딩 교육은 한마디로 컴퓨터 프로그래밍을 배우는 것을 말한다. 컴퓨터 프로그램은 전문가들만 만들 수 있다고 생각하는 경우가 많다. 하지만 마치 블록을 조립하듯이 필요한 컴퓨터 명령어를 사용하여 조합을 구성하면 누구나 쉽게 컴퓨터 프로그램, 즉 소프트웨어를 만들 수 있다.

미국을 비롯한 선진국에서는 이미 이러한 코딩 교육의 필요성을 절감하여 초·중·고등학교 정규 과정에서 컴퓨터 프로그램 개발과 운영 등을 가르치고 있다. 국제적인 언어로서 영어를 사용하는 것과 똑같이 누구와 의사소통할 수 있는 방법이 바로 컴퓨터 언어인 코딩이고, 코딩을 활용한 직업이나 진로가 더욱 증가할 것이라고 생각해서다.

실제로 코딩 교육을 통해서 컴퓨터 프로그램을 개발해본 학생들은 중독에 빠지기보다 자신이 능동적으로 컴퓨터 언어

를 다룸으로써 논리적으로 사고하고 창의적인 아이디어를 생성하며 문제 해결 능력도 증가했다.

코딩 교육은 아들의 뇌가 좋아할 만한 요소를 모두 갖추고 있다. 우뇌가 발달한 아들은 기계와 시각 자극을 선호하며, 공간유추 능력과 상상력을 표현하는 데 어려움을 느끼지 못한다. 그러므로 이를 발휘할 수 있는 코딩 교육이 아들의 뇌를 중독으로부터 지켜낼 수 있는 건강한 방법이라고 볼 수 있다.

우리나라에서도 기업의 지원을 받아 초등학교 방과후 교실에서 코딩 교육을 실시하고 있으며 미래창조과학부에서는 소프트웨어 캠프를 열어 코딩 언어를 교육하고 있다.

공부도 습관이다

제가 초등학교를 다니던 시절에는 공부를 해야 한다는 압박감은 거의 느끼지 못했던 것 같습니다. 학교 갔다가 오면 동네에 모여서 노는 것이 일상이었고 해가 어스름하게 질 때면 "그만 놀고 들어와서 밥 먹어라!" 외치는 엄마들의 목소리가 골목 안을 가득 채웠습니다. 그렇게 뛰어놀고도 뭐가 부족했는지 저녁을 쏜살같이 먹은 아이들이 하나둘 다시 모여들었죠. 밤이 깊도록 동네 이곳저곳을 쏘다니며 참 열심히도 놀았던 것 같습니다.

그런데 우리 아이들은 매우 다른 삶을 살고 있는 듯 합니다. 해야 할 일도 너무 많고요. 가끔 우리 아이들이 책상에 앉아 공부와 숙제에 코를 박고 있는 모습을 보고 있노라면 너무 짠한 기분이 듭니다.

아들 가진 엄마들도 저와 비슷한 생각일 것입니다. 어쩌면 더한 무게감을 느낄 수도 있겠죠. 우리나라 사회적 통념이나 문화에서 남자는 변변한 돈벌이를 할 수 있는 직업을 가져야 한다고 생각하잖아요. 여성들의 사회적 참여가 증가하고 있긴 하지만 여전히 남성에게 무게가 더 실려 있고 밥벌이를 제대로 할 수 있는 남자로 키워야 한다는 책임감이 아들 가진 부모들에게 많이 느껴집니다.

거의 모든 부모가 그 출발을 공부에서 찾게 됩니다. 공부를 잘해야 좋은 대학교에 갈 수 있고 번듯한 직장, 직업으로 이어진다고 생각하니까요.

최근에 만난 고등학생 아들을 둔 엄마의 고민이 떠오르는데요. 아들은 어릴 때부터 부모가 안내하는 대로 열심히 학원 다니고 공부만 했다고 합니다. 초등학생에게 좀 과하다 싶을 정도로 시켰지만 별 투정 없이 잘 따라와줬고, 그래서 무난히 입시까지 치러낼 것이라고 기대했었다고 합니다. 그런데 정작 입시에 매진해야 할 고등학생이 되더니 이제 공부라면 진절머리가 난다며 아들이 공부를 놔버린 것입니다. 훌쩍 커버린 아들을 때릴 수도 없고, 공부라면 신물이 난다며 책을 거들떠도 안 보는 아들을 설득시키기도 너무 어려워서 하루하루가 고난의 연속이라고 하소연했습니다.

아들의 심정도 이해가 되고 자녀를 기르는 입장에서 엄마의 불안감, 초조함도 이해가 됐습니다. 그런데 뇌 과학적인 관점에서 볼 때 초등학생인 아들의 공부를 위해서 부모가 해야 할 일은 공부와 관련된 습관을 형성해주는 것이지 공부를 시키는 것은 아닙니다. 이것은 장기적으로 봤을 때 학원을 하나 더 다니고 어려운 문제 하나라도 더

푸는 것보다 훨씬 중요한 부분입니다.

기본적으로 뇌의 발달은 반복 학습으로 이루어집니다. 반복적인 학습이 시냅스를 만들고 뇌의 회로가 형성되어 지능으로 연결되는 것이죠. 사실 공부를 한다는 것도 이런 단순한 순환에 있습니다. 예습하고 배우고 복습해서 익히고! 어른들의 손에 이끌려 어릴 때부터 학원에 다니고 공부한 아이들의 뇌는 외부의 힘에 의해서 작동할 뿐 배운 것을 익혀서 자기 것으로 만드는 과정이 취약합니다. 이런 문제가 드러나는 것은 청소년기부터인데요. 자신의 감정을 조절하고 미래를 설계하는 기능을 담당하는 전두엽은 미성숙한 상태인데 성호르몬이 넘쳐흐르다 보니 더 이상 어른들이 하라는 대로 하지 않고 감정이 시키는 대로 행동하게 되는 것입니다.

공부를 꾸준히 하기 위해서 아들에게 필요한 것은 비싼 과외를 받거나 여러 학원을 전전하는 게 결코 아닙니다. 아들이 스스로 공부할 수 있도록 습관을 길러주는 것입니다. 이런 공부 습관을 안내하고 지도하기 위해서는 무엇보다 아들의 뇌 발달 성향을 잘 이해하는 것이 중요하겠지요. 아들의 뇌가 가지는 성향에 맞춘 안내와 지도를 할 때 아들도 거부감을 느끼지 않기 때문입니다.

시각 자극을 좋아하는 아들

원시시대부터 남자들은 사냥을 하면서 진화해왔기 때문에 뇌 역시 사냥에 적합한 발달 특징을 보입니다. 그래서 조곤조곤한 사람의 목소리보다는 동물이나 사물 소리에 더 즉각적인 반응을 보이고, 사냥감이 어디에 있나 계속해서 탐색해야 하기 때문에 청각보다는 시각이 발달하는 것이지요.

아들 키우는 엄마들의 목소리가 계속 커지는 이유도 여기에 있습니다. 일반적으로 아들의 뇌는 청각적인 자극에 집중하기가 쉽지 않기 때문에 여간 큰 소리가 아닌 이상 별 반응을 보이지 않습니다. 이와 같은 아들의 뇌가 가지는 성향과 특징을 정확하게 이해하는 것은 아들의 공부를 안내하고 지도하기 위해서 꼭 필요합니다.

아들의 뇌 성향을 이해하기 위해서 남성의 뇌와 여성의 뇌를 비교해보면 남성은 시공간과 관련된 우뇌가 집중적으로 발달해 있습니다. 즉 무엇이든지 눈으로 보는 것에 먼저 반응하고 신속하게 처리하는 데 익숙한 뇌라고 말할 수 있죠. 이런 뇌 발달 특성은 초등학교에서 확연하게 비교가 되기 때문에 아들은 읽기나 말하기 등에서 딸보다 뒤처지고, 읽기 장애의 발병에서도 훨씬 높은 비율을 보인다고 할 수 있습니다. 그 이유는 읽기나 말하기가 듣기와 관련이 있기 때문입니다. 말을 빨리 배우기 위해서는 누군가 말하는 것을 열심히 듣고 따라하는 것이 중요하잖아요. 처음 아기에게 말을 가르칠 때 입모양과 소리를 함께 들려주는데 아들은 딸에 비해서 청각피질이 발달하지 않았기 때문에 말하는 사람의 입 모양만 뚫어지게 쳐다보지 소리에는 별 집중을 하지 않습니다. 그러다 보니 언어 발달이 활발하게 일어나지 않는 것입니다.

초등학교에 들어가서도 별반 다르지 않습니다. 수업시간에 무엇인가 새로운 학습 자료를 보여주거나 장면이 바뀌면 아들들은 조용합니다. 그런데 선생님의 설명만으로 수업을 진행하면 금새 딴짓하다가 야단맞기 일쑤죠. 이것이 아들의 공부 뇌 성향인 것입니다. 그러므로 기존의 방법처럼 들려주기만 해서는 언어 발달, 학습 성취를 기대할 수 없습니다.

아들의 공부 뇌 성향에 맞추어 지도할 수 있는 대안으로 미국의 심리학자 다이앤 맥기네스Dianne McGuinness는 획기적인 방법을 제안했습니다. 바로 남자 아이들에게 읽기를 가르칠 때 시각을 활용하는 것이었죠.

그는 여학생들과 남학생들에게 읽을거리를 나누어주고 S가 포함되어 있는 글자에 동그라미를 치거나 밑줄을 그어보라고 지시했습니다. 이 실험에서 남학생은 여학생보다 월등하게 빠른 속도로 과제를 완수해냈습니다. 이 과제는 청각적인 요소가 아니라 시각적인 요소가 포함되어 있었으니까요. 두 번째 과제에서는 완전히 다른 결과가 나타났는데요. 여러 문장과 단어를 들려주고 그중 S가 포함된 단어들을 찾아보라고 했더니 정반대로 여학생들이 남학생보다 훨씬 빠른 속도로 과제를 마쳤습니다. 이번 과제는 시각적인 요소가 아닌 청각적인 요소가 포함되어 있었죠.

더불이 시각피질이 발달한 아들의 뇌가 공부하기 적합한 환경은 밝은 장소입니다. 어두운 곳은 아무래도 시각으로 정보를 흡수하기에 어려움을 느끼기 때문에 공부하다가 다른 생각에 빠지기 쉬워요.

그러므로 아들의 공부방 혹은 학습 장소는 밝고 환하게 만들어주는 것이 효과적입니다.

이런 연구 결과들에 비춰보았을 때, 가만히 교실에 앉아 선생님의 설명만을 들어야 하는 현재의 학습 환경이 아들의 뇌에는 상당한 괴로움을 줄 수 있겠다는 생각이 듭니다. 뇌 발달적 성향을 고려하지 않은 채 공부를 계속한다면 아들의 입장에서 공부가 재미없다는 것이 어쩌면 너무도 당연한 일이라는 생각도 드네요.

말보다는 행동

언제부턴가 아들이 엄마의 염려와 걱정의 말을 잔소리로 받아들이기 시작하는 것 같다고 느껴질 때가 있습니다. 때로는 엄마가 하는 말을 귓등으로 듣는 것 같아 너무 화가 날 때도 있고 말입니다. 딸에 비해서 아들에게 말이 안 통하는 것은 사실이에요. 말이 안 통하는 이유는 언어중추가 여성인 엄마와 다른 발달 성향을 가지고 있기 때문입니다. 일반적으로 남자는 수학, 과학, 운전, 주차하기, 지도 보기 등을 잘하며 여자는 남자에 비해 국어, 영어, 논쟁이나 글쓰기 등에서 높은 능력을 보인다고 알려져 있는데요. 사실일까요?

남자와 여자의 차이를 입증하기 위해 미국의 심리학자 줄리안 스탠리Julian Stanley와 카밀라 밴보우Camilla Benbow 박사는 수학과 과학 분야의 영재 아이들을 15년 동안 연구했습니다. 그 결과 수학 영재의 남학생 숫자를 여학생이 따라오지 못했습니다. 물론 여학생 중에도 남학생만큼 뛰어난 수학 능력을 보이는 경우도 있었지만 수의 차이에서 볼 때 절대적으로 남학생들이 높은 비율을 차지했습니다.

남녀의 뇌 차이를 연구한 앤 무어Anne Moir 박사는 자신의 저서 「브레인 섹스」에서 남자가 여자에 비해서 우뇌가 좌뇌보다 먼저, 집중적으로 발달하며 이로 인해 남자와 여자가 잘하는 일의 차이가 나타난다고 설명했습니다.

우뇌는 상징, 그림, 사물을 다루는 능력을 포함하며 직관에 따라 즉흥적으로 사고하고 비언어적인 단서를 다루며 공간을 입체적으로 활용하는 능력과 관련되어 있어서 남자들이 사람보다 사물을 다루는 일에서 유능함을 보이고 언어적인 방법보다 비언어적인 방법인 행동 등을 편하게 느끼며, 길을 찾거나 주차하는 일에 어려움을 느끼지 못하는 것입니다.

남자인 아들도 마찬가지겠죠. 아들의 뇌는 사람의 말소리, 관계 맺기보다는 장난감, 물건 등의 사물에 관심을 더 보이며 무엇을 만들거나 쌓기를 좋아합니다. 반면에 누군가 하는 말이나 설명을 듣고 이해하는 것에는 집중하기도 어렵고, 집중한다고 하더라도 시간이 그리 길지 못하게 돼죠.

우뇌가 우세하게 발달한 아들의 뇌는 경험을 통해 가장 쉽게 배우고 질 습득할 수 있어요. 교실에서 발로 설명 듣고 이해하기 위해서 어려움을 느끼는 아들의 뇌를 위해서는 교과서의 내용 일부를 부모와 함께 체험해보거나 관련 장소나 지방으로 여행을 가는 것이 도움이 됩니다. 초등학교 고학년 때 배우는 역사, 문학 등의 내용을 글로만 읽고 이해하는 것보다 고적지, 박물관, 배경 지방 등을 방문하여 경험해본다면 학교 공부에 흥미를 갖게 하면서 지친 아들의 뇌에 즐거움을 줄 수 있을 것입니다.

또 다른 방법은 이야기와 관련된 작품을 만들게 하는 것입니다. 삼국시대에 대한 이야기를 읽었다면, 아들과 함께 첨성대, 광개토대왕비, 미륵사지 석탑 등을 만들어보고 그 당시에 관련된 역사적 인물이 되어서 유물이 만드는 과정을 상상해보는 것도 좋은 대안이 될 것입니다.

승부를 내는 데 목숨을 거는 이유

테스토스테론과 도파민이 많은 아들의 뇌는 대체로 문제가 발생하면 싸워서 해결하려고 합니다. 예를 들어 빵 하나를 둘이 먹어야 한다면 어떻게 하든 둘 중 한 명이 더 많이 먹기 위하여 결판을 내야 한다는 말입니다. 그렇다고 해서 꼭 누군가와 경쟁을 하고 이겨야만 한다는 의미는 아니에요. 다만 선천적으로 경쟁을 좋아하는 아들의 뇌는 학습 동기를 높이기 위하여 목표를 세우고 그것에 달성했는지를 확인하는 과정이 필요하다는 것입니다.

아들이 경쟁적이라고 해서 친구들과 사이가 좋지 않으면 어쩌나 하는 염려는 하지 않아도 좋을 것 같습니다. 아들은 사물을 선호하는 우뇌가 발달하기 때문에 감정과 이성을 잘 분리하거든요. 친구와 경쟁을 하더라도 경쟁은 경쟁이고, 친구에 대한 우정은 우정으로 분리를 할 수 있다는 말입니다. 하루 이틀 씩씩거리고 감정이 상해 있을 수도 있지만, 그리 오래가지 않습니다.

이게 딸의 뇌와 가장 큰 차이점입니다. 딸은 사물보다 사람을 좋아하는 데다가 좌우뇌가 함께 발달하기 때문에 감정과 이성이 뒤섞여 있는 경우가 많아요. 그래서 친한 친구와 경쟁을 하게 되면 우정에도 문제가 생기게 되는 경우가 발생합니다. 그래서 어쩌면 여학생의 입장에서 남학생들의 우정은 단순하고 유치해 보일 수도 있습니다.

미국의 심리학자 마이클 거리안Michael Gurian은 실제로 미국의 초등학교에 재학 중인 남녀 학생들을 대상으로 학습 효과에 대한 흥미로운 연구 결과를 내놓았습니다. 공부에 대한 흥미가 없고 동기가 부족한 학생들 중 80%가 남학생이라는 것이며, 이러한 학생들에게 동기를 불러일으키는 방법 중 하나가 경쟁을 활용하라는 것입니다.

경쟁은 반드시 상대가 있어야 하는 것은 아닙니다. 남학생들에게는 '5분 안에 수학 문제 한 페이지 끝내기'처럼 시간을 제한하는 방법도 있으며 '어제보다 5분 더 책 읽기'와 같이 매일매일 자기 기록을 갱신하는 방법 등도 효과적입니다.

타고난 경쟁심을 갖고 있는 아들의 뇌에 '남을 이기기 위해서', '살아남기 위해서' 경생을 하는 것이 아니라 나의 한계를 극복하고, 자신의 강점을 더 잘 키우기 위해서 경쟁을 하는 것임을 자주 이야기해주세요. 다른 사람들을 이기기 위해서 경쟁을 한다는 이야기는 아들에

게 과도한 긴장과 불안을 초래할 수 있으니까요. 과도한 긴장과 불안
은 아들의 뇌를 망가뜨리는 지름길입니다.

chapter
09

천방지축 뇌, 공부에 길들이기

  자타가 공인하는 수재들이 모이는 미국 아이비리그 대학교의 학생들을 대상으로 공부 습관을 연구한 리처드 라이트Richard Wright 교수는 연구 도중 그들의 공통점을 찾아냈습니다. 모든 학생들 각자가 자신에게 적합한 공부 습관이 있다는 점이었어요. 얼굴 생김새가 다르고 성격이 다르듯이 공부에 집중이 잘 되는 시간도 다르고, 공부하는 방법도 다 달랐던 것이죠.

  중요한 것은 자신에게 적합한 공부 방법을 찾아 그것을 습관으로 형성했다는 점입니다. 공부 습관은 효율적으로 공부하는 하나의 패턴과 같아서 살 만들어진 공부 습관은 여러모로 매우 유용합니다.

멘토가 필요해요

우연하게 아들을 키우는 엄마들과 이야기를 나눌 기회가 있었는데요. 아들을 키우면서 경험하게 되는 재밌는 양육 에피소드를 나누다가 공통적인 특징을 발견하게 됐습니다. 아들에게는 소위 멍 때리는 시간이 많다는 것이었어요. 몸을 가만히 내버려두지 못하고 계속 무슨 짓인가를 저지르다가 어느 순간 보면 우두커니 앉아 있다는 것이죠. 그 이야기를 하면서 엄마들은 안타까워했습니다. 도대체 무슨 생각을 하고 있는 건지 알 수가 없다고 하면서요.

남성만의 생물학적, 심리학적 특징을 연구한 미국의 심리학자 마이클 거리언은 연령에 따라 나타나는 남자의 모습에 주목했습니다. 초등학생 남자 아이의 특징은 멍하니 있는 것이며, 그런 행동을 보이는 이유가 여자 아이에 비해서 다른 뇌 구조를 가지고 있기 때문이라고 말했죠. 남자 아이는 여자 아이에 비해 대뇌피질 내 회백질grey matter이 많으며, 여자 아이들은 남자 아이들에 비해 백질white matter이 많다는 것입니다.

또한 신경세포인 뉴런을 살펴보면, 주로 신경세포체가 회백색을 띠고 축색돌기는 백색으로 보이는 것을 발견했습니다. 신경세포체에서는 정보가 발생하고 축색돌기는 신경세포체에서 발생한 정보를 다음 뉴런으로 전달하는 역할을 담당하는데 신경세포체가 많은 남자 아이들은 뇌에서 정보가 발생하고 활동하게 되더라도 그것을 전달하거나 움직이는 것이 아니라 뇌의 한 부분에 국한시켜 할당하고 정보가 머물러 있게 한다고 합니다.

반면 축색돌기가 많은 여자 아이들의 뇌에서는 정보가 계속해서 움직이고 전달하는 일이 일어나고 있는 것이죠. 그래서 정보가 머물러 있는 상태에 있는 남자 아이들은 정보가 전달되거나 연결되지 않으므로 아들의 뇌는 멍한 상태가 된다는 원리입니다.

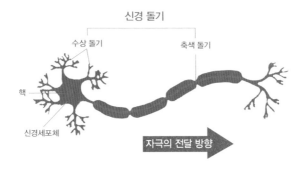

이런 뇌 구조를 가진 아들의 뇌에 누군가 정보가 머물러 있지 않고 정보를 전달하도록 동기를 부여하고 에너지를 쏟으며 활동하도록 자극을 주어야 합니다. 이른바 멘토가 필요한 것이죠. 멘토는 부모가 맡아도 상관없고 아들과 친한 주변 사람이어도 좋습니다. 멘토가 해야 할 일은 아들이 공상에 빠져 멍하니 있지 않게 하고 뇌가 활동할 수 있도록 도움을 주어야 합니다. 또 해야 할 일 중 하나는 아들이 정신적으로 움직일 수 있는 내상 혹은 목표를 아들과 함께 설정하고, 그것을 달성하기 위해서 해야 할 일들을 나열해주는 것입니다. 다른 뇌세포들과 연결하는 백질이 부족한 아들의 뇌는 정신적인 에너지를 쏠 대상이 정해져야 활동을 하고 정보를 주고받게 되기 때문입니다. 딸에 비해서 아들의 뇌는 도움이 많이 필요하다는 점을 항상 기억해야 합니다.

3주만 버텨라

아들의 뇌가 효과적으로 공부하는 습관을 형성하기 위하여 걸리는 최소한의 시간은 3주입니다. 공부에 필요한 행동 습관을 3주 동안 반복한다면, 밥먹고 잠자는 일처럼 일상적으로 할 수 있다는 의미인데요. 그렇다면 아들의 뇌가 공부에 길들여지기 위해서 필요한 공부 습관은 무엇이 있을까요?

초등학교에 다니는 시기에 필요한 공부 습관 행동으로 시간 관리하기, 책 읽기, 노트 필기하기, 가방 챙기기 등을 들 수 있는데 초등학교 시기부터 인지 능력 및 이해 능력, 미래에 대한 예측 능력이 발달하기 때문입니다.

하지만 아들의 뇌는 회백질이 많기 때문에 공부 습관을 스스로 형성하기 어렵습니다. 뇌에서 명령을 내리는 일이 스스로 이루어지지 않는다는 뜻입니다. 그러므로 아들은 멘토의 도움을 통해 공부에 필요한 행동을 습관화할 수 있도록 해주는 것이 좋습니다. 아들의 뇌에 공부 습관을 잘 형성하기 위해서는 먼저 습관에 대한 뇌 과학적 원리를 이해해야 합니다. 습관이라는 것은 뇌세포 간의 연결망, 즉 시냅스가 형성되어 자연스럽게 반복되는 상태를 의미합니다. 일상적인 행동인 것처럼 반복하게 되는 상태의 시냅스가 만들어지는 데 필요한 시간은 최소 3주입니다. 특별히 의식하지 않고 공부하는 데 필요한 습관을 만들고자 한다면, 적어도 3주 동안은 의식적으로 노력해야 합니다.

30분 완성 패턴 공부법

'자기주도 학습'이라는 말을 누구나 들어보았을 것입니다. 얼마나 매력적인 말입니까? 자기가 알아서 적극적으로 학습을 한다는 말이잖아요. 하지만 불행하게도 자기주도 학습을 스스로 해내는 아들은 거의 없습니다. 이런 습관 역시 부단한 노력이 필요합니다.

첫 번째는 공부와 관련된 패턴을 연습하는 것이에요. 가끔 초등학생들을 보면 엎드려서 혹은 텔레비전 앞에서 밥 먹으면서 숙제하는 모습을 보게 되는데요. 이는 매우 잘못된 행동입니다. 중요한 공부 습관 중 하나는 일정한 시간에 같은 장소에서 해야 한다는 것입니다. 그래야만 집중할 수 있는 뇌세포의 패턴이 형성됩니다. 공부는 항상 자신의 책상에서 하도록 하며, 집중하는 시간을 고려하여 일정한 시간대를 정해놓고 하는 것이 좋습니다. 이렇게 3주 동안 반복하면 뇌는 같은 장소, 같은 시간대에서 공부하는 습관의 시냅스를 형성하게 됩니다.

두 번째는 뇌를 자극하는 공부 습관을 갖는 것입니다. 가장 좋은 방법 중 하나가 소리내어 읽는 것인데요. 언어 자극을 처리하는 좌측 측두엽이 가장 자연스럽고 쉽게 받아들이는 자극은 믿기 어렵지만 바로 자신의 목소리라고 해요. 더군다나 언어중추가 딸에 비해서 무딘 아들을 위해서는 소리내어 읽어보면서 언어중추를 자극하는 것이 좋습니다.

또한 뇌는 자극을 반복적으로 제시할 때 잘 기억하여 저장합니다. 그러므로 소리내어 읽는 데서 끝내는 것이 아니라 자신이 하고 싶은 방법으로 복습 노트를 만들어보는 것도 좋습니다. 마인드 맵과 같은 그림 형태도 좋고 아들이 개발한 암호를 섞어서 정리하는 것도 하나의 방법입니다. 이런 식으로 정리하면 아들의 뇌는 공부한 내용을 여러 번 반복하여 학습하게 됩니다.

세 번째는 공부를 시작하기 전 항상 기분 좋은 상태가 되도록 하는 것인데요. 아들의 공부 습관을 만들기 위해서 강압적으로 지시하면 이 역시 공부 습관이 돼 버립니다. 공부를 시작하기 전에 항상 부모의 야단과 지시가 있어야만 시작이 되는 시냅스가 형성되지 않도록 주의해야 합니다. 아들이 공부하는 시간에는 집중을 위해서 텔레비전, 전화 등의 소음을 없애고 기분 좋은 격려로 공부를 시작하도록 하는 것이 좋겠죠.

여기서 중요한 것 중 하나는 공부 습관이 잘 형성되지 않은 아들에게 장시간의 학습은 오히려 공부에 대한 짜증을 유발시킬 수 있다는 것입니다. 더욱이 아들은 한자리에 오래 앉아 공부하는 것에 익숙한 뇌가 아니라는 점을 반드시 기억하세요.

아들의 공부 습관을 처음 형성할 때 '20분 혹은 30분 집중' 패턴을 만들어 그동안 무리 없이 집중할 수 있는지를 관찰해보세요. 이 시간 동안 소리내어 읽도록 하고 마치면 충분히 칭찬해주어 긍정적인 기분을 경험하게 한 후 약 10분 정도 쉬고 다시 20분 혹은 30분 집중 패턴을 반복하도록 합시다. 10분의 휴식 시간 동안에도 몸을 움직이는 활동을 해야 아들의 뇌가 더욱 활성화될 것입니다.

공부하는 내내 돌아다니고 산만한 아들 때문에 고민이라면 작은 크기의 공을 주고 손 안에서 쥐고 만지면서 공부할 수 있도록 하면 돌아다니는 행동이 줄어들 수 있습니다.

· SUMMARY ·

· 공부에 길들이기 위해서는 초등학생 아들의 뇌가 가지는 특성을 잘 이해하는 것이 중요하다.
· 초등학생 아들의 뇌에 적합한 공부 방법은 말보다는 시각자극을 사용하고 행동을 포함한 교육 방법을 활용해야 하며 건강한 경쟁을 유도하는 방법을 적용하는 것이 효과적이다.
· 초등학생 아들의 뇌가 공부 습관을 형성하는 데 걸리는 최소한의 시간은 3주이며, 3주 이상 공부하는 습관을 지속하도록 노력해야 한다.

나는 어떤 부모인가

과연 나는 아들이 친숙하게 생각하는 부모일까, 아니면 잔소리만 쏟아내는 부모일까? 아들에게 나는 어떤 부모인지에 대해서 생각해보도록 하자.

1. 나는 아들의 이야기가 끝나기 전에 내가 해야 할 말을 하는 때가 많다.
① 그렇다 ② 그렇지 않다

2. 나는 아들에게 "절대로", "한번도", "무조건"이라는 말을 자주 한다.
① 그렇다 ② 그렇지 않다

3. 나는 아들과 대화하다가 아들의 태도 때문에 야단을 치는 경우가 많다.
① 그렇다 ② 그렇지 않다

4. 우리 아들은 내가 하는 말을 잘 안 믿는 것 같다.
① 그렇다 ② 그렇지 않다

5. 나는 우리 아들의 감정을 잘 이해하지 못할 때가 많다.
① 그렇다 ② 그렇지 않다

6. 나는 우리 아들에게 선택권을 주기보다는 지시하는 편이다.
① 그렇다 ② 그렇지 않다

7. 나는 아들이 어리광을 부리고 어린아이처럼 구는 것에 대해서 지적하는 편이다.
① 그렇다 ② 그렇지 않다

8. 우리 아들은 내가 나타나면 슬그머니 자리를 피한다.
① 그렇다 ② 그렇지 않다

9. 나는 아들을 보고 있으면 답답할 때가 많다.
① 그렇다 ② 그렇지 않다

10. 우리 아들은 내가 말을 하면 집중을 안 하고 건성으로 듣고 있는 것 같다.
① 그렇다 ② 그렇지 않다

결과 보기
• '그렇다'가 7~10개
아들의 이야기를 듣기보다 야단을 주로 치며 잔소리를 많이 하는 부모 유형

• '그렇다'가 4~6개
아들의 이야기를 들으려고 노력을 하고 관심도 많지만, 마음만큼 행동이 안 따라줘서 잔소리를 하게 되는 부모 유형

• '그렇다'가 3개 이하
아들이 거리낌 없이 자신의 생각을 말할 수 있으며 아들과의 대화에 적극적으로 임하는 부모 유형

초등 아들을 위한 양육 지침

✎ 초등학생 아들과 대화하기

• 아들이 초등학생이 되면 테스토스테론의 분비가 더욱 활발해
지면서 부모와의 대화를 피하려고 하거나 엄마의 말을 잔소리
로 받아들이기 쉽습니다. 아들의 생각, 아들이 느끼는 두려움,
불안, 고민 등을 알아보고 해결할 수 있도록 도움을 주어야 할
시기임을 기억하고 평소에 많은 대화를 나누는 게 중요합니다.

• 아들과 친하고 대화하는 부모가 되기 위해서는 평소에 나는 어
떤 부모인가, 혹시 아들이 대화하기 싫어하는 잔소리 많은 부모
인가에 대해서 점검해보도록 하세요.

✎ 초등학생 아들과 대화하기 위해 기억해야 할 지침

• 아들의 말을 끝까지 듣기: 아들은 언어 중추가 발달하지 않았기
때문에 자신의 생각이나 표현을 정확하고 세련되게 표현하기
가 어렵습니다. 답답하더라도 아들이 자신의 생각을 다 드러낼
때까지 기다려준다면 아들은 점차 자신의 생각과 의견을 정확

하게 표현할 수 있게 될 것입니다.

- 짧게 야단치기: 야단을 칠 때는 최대한 짧은 시간 동안 현재의 잘못에 대해서만 말하세요. 야단을 길게 치다 보면 지나간 잘못까지 들추게 되는데 그렇게 되면 처음에 자신이 잘못했다고 생각했던 아들도 점차 반항하는 마음이 들기 쉽습니다.

- 마주 보고 이야기하기: 딸에 비해서 언어 중추와 청각피질이 발달하지 않은 아들은 소리만 들리는 환경에는 집중하지 못할 때가 많습니다. 시각피질이 상당히 발달한 아들의 뇌는 눈을 바라보며 이야기할 때 부모의 말에 더 잘 귀를 기울일 수 있습니다.

- 감정을 관리하여 말하기: 초등학생 아들의 뇌는 전전두엽이 미성숙하기 때문에 부모가 감정 조절의 좋은 롤 모델이 되어야 합니다. 화가 잔뜩 난 상태에서 아들을 야단치거나 대화하다 보면 감정이 잔뜩 실린 잔소리를 하거나 화풀이를 하게 되므로 충분히 감정을 가라앉힌 후 대화하는 것이 좋습니다.

✎ 초등학생 아들의 뇌에서 게임 멀어지게 만들기

- 게임이나 스마트폰에 빠지는 아들의 뇌를 구출하기 위해 아들이 어느 정도로 게임, 스마트폰을 사용하는지 정확하게 기록하는 게 좋습니다. 기록할 때에는 다음과 같은 내용을 적도록 합니다.

① 어떤 게임을 얼마나 했나?

② 게임이나 스마트폰을 하기 전에 어떤 생각이 들었나?

③ 시작하기 전에 게임을 몇 분 정도 하려고 했었나?

④ 게임이나 스마트폰을 하고 나서 어떤 기분이 들었나?

- 기록한 내용들이 점차 쌓이게 되면 게임이나 스마트폰을 하는 아들은 자신이 문제가 있다는 것을 느낄 수 있는 기회가 생기게 됩니다.
- 게임, 스마트폰 중독이 심하다면 전문가와 하루라도 빨리 상의하는 것이 가장 효과적이에요. 시간이 흐를수록 중독 증상은 더욱 심각해질 수 있음을 기억해야 합니다.

아들 키우기 너무 힘들어요!

-아동기 편-

Q. 초등학교 4학년 아들을 둔 엄마입니다. 최근 전화 벨 소리만 들어도 가슴이 두근거려요. 아들이 학교에서 같은 반 친구들에게 욕을 심하게 하고 때로는 몸싸움도 한다는 사실을 얼마 전에 알게 되었거든요. 집에서는 가끔 게임을 못하게 하거나 뭔가 마음대로 안 될 때 불끈 하고 화를 내는 것은 본 적이 있지만, 학교에서 그렇게 심하게 욕을 한다는 사실에 충격을 받았습니다. 이런 행동을 고칠 수 있을까요?

A. 아들 키우는 어머니들께서 가장 많이 하시는 걱정 중의 하나가 욕, 공격적이고 폭력적 성향 등과 관련이 있을 것입니다. 얌전하고 행동이 바르다고 생각했던 아들이 험악한 욕을 아무렇지도 않게 쓰는 모습을 보게 되었을 때 부모님들은 큰 충격을 받게 되지요. 그렇다면 아들들은 왜 욕을 하는 것일까요?

먼저 남자 아이들 사이에서 '약하다'라는 인식을 주지 않기 위한 일종의 방어행동일 수 있습니다. 아동기에 아이들은 부모님보다는 또래 관계가 중요하게 여겨지고, 친구들 사이에서 어떻게 보이고 평가받는가에 대하여 예민하게 생각하게 됩니다. 친구들에게 약하거나 잘 휘둘리는 인상을 주지 않기 위해서 남자아이들이 가장 쉽게 사용할 수 있는 방법이 욕이나 폭력적인 행동을 보여주는 것입니다.

또 다른 이유는 감정을 조절하고 통제하는 능력과 기술이 아직 미숙해서 욕이나 몸을 사용할 수 있습니다. 아동이라고 해도 아들의 뇌에서는 활동성, 공격성과 관련되어 있는 테스토스테론이 분비되고, 격한 감정을 조절하고 통제하는 전전두엽이 아직 미발달되어 있기 때문에 감정적 자극에 욕이나 행동으로 나타내는 것이지요.

혹은 아들의 내부에 화가 많이 쌓여 있거나 감정을 적절한 방식으로 표현하는 방법을 아직 학습하지 못해서 그럴 수 있습니다. 아들은 테스토스테론으로 인해 공격적인 행동이나 언어를 자신도 모르게 드러낼 수 있습니다. 그러나 공격적인 것과 폭력적인 것은 다르지요. 공격적인 것은 어떤 자극에 대해서 격하거나 적극적인 행동으로 방어를 하는 것이라고 한다면, 폭력적인 것은 누군가에게 신체적, 심리적으로 해를 끼치는 말과 행동을 보이는 것입니다. 일부 어른들 중에 "크면 다 고쳐지고 사람 구실한다"고 하면서 욕이나 폭력을 방치하기도 하지만 욕이나 폭력을 자주 하게 되면 아들의 뇌도 변화합니다.

영국의 언어 전문가인 엠마 번Emma Byrne 박사의 연구에 따르면, 욕설은 감정과 매우 밀접한 연관이 되어 있어서 화, 분노, 짜증 등의 감정을 느낄 때 욕을 하게 되면 그러한 감정을 느끼게 될 때 언어를 관장하는 좌측 측두엽에는 욕과 관련된 시냅스가 형성되어 저장된다고 합니다. 이와 비슷하게 영국 키일 대학교의 심리학자인 리처드 스티브스Richard Stephenson 박사도 욕설이 단기간의 고통을 잠깐 줄여주는 데는 도움이 되지만, 욕을 사용하는 것에 익숙해지면 오히려 부정적인 효과가 크다고 주장하였습니다. 욕을 하고 나면 후련하고 왠지 통쾌한 기분이 들지만, 자주 사용하게 되면 이러한 효과는 사라지고 욕에 관한 정보만 뇌에 가득 차게 되는 것이지요. 실제로 서울대학교의 곽금주 교수 연구팀에서 중학생을 대상으로 연구를 해보았더니 욕을 자주 사용하는 아이들이 그렇지 않은 아이들에 비해서 어휘력이 상당히 떨어지는 것으로 나타났습니다. 그렇다면 어떻게 해야 욕이나 폭력적인 행동을 고칠 수 있을까요?

가정에서 아들이 욕이나 폭력적인 행동을 보게 되었을 때 화를 내지 않도록 해야 합니다. 우리도 종종 경험하지만 화는 더 큰 화를 부르고 화를 키우게 되지요. 인간의 감정은 전염성이 강하고 옆에 있는 사람의 감정에 의해서 더욱 고조되기 때문에 아들에게 화를 내게 되면 부정적인 감정이 더욱 크게 전달됩니다. 그러므로 아들이 욕을 하거나 폭력적인 행동을 하는 모습을 맞닥뜨리게 되면 일단 조용한 장소를 찾아 앉아서 감정을 가라앉히고 그런 행동을 한 이유를 묻습니다. 아들이 제대로 설명을 못하더라도 꾹 참고 끝까지 아들의 이야기를 들어주는 것이 중요합니다. 그렇게 말로 설명하는 것이 익숙해지면 아들은 이제 욕이나 때리기와 같은 행동이 아니라 말로 표현하는 것이라는 점을 알게 되는 것이지요. 아들이 자신의 상황이나 감정을 말하고 나면 "그랬구나. 엄마(혹은 아빠)도 기분 나빴겠다" 혹은 "그런 일이 있었는지 몰랐네. 이제 잘 알았어"와 같은 말로 공감해주고 "다음에는 화가 나거나 속상하면 욕이나 화를 내기보다는 차분하게 너의 감정을 말해주렴. 다른 사람들도 그런 말을 더 잘 이해할 수 있거든"이라고 지도해주시길 바랍니다.

Q. 이제 초등학교 3학년 되는 아들의 공부 때문에 걱정이 이만저만이 아닙니다. 다른 집 아이들이나 또래 친구들은 초등학교 수학은 다 마치고 중학교 과정을 배운다는데 우리 아들만 뒤처지는 것 같아서 초조하기도 해요. 문제집 한 페이지 푸는 데만 1시간이 넘게 걸리고, 개념도 이해하지 못한 것 같고요. 문제집 풀어놓은 것을 보고 "이거 진짜 잘 이해하고 푼 거야?"하고 물으면 "몰라!" 하고 피하거나 대답도 잘 안 합니다. 우리 아들이 정말 공부머리가 없는

것인지, 방법을 몰라서 그런 것인지 답답합니다.

A. 아마 저를 비롯하여 많은 학부모님들께서 비슷한 고민을 하시지 않을까 생각이 듭니다. 다른 아이들은 다 아는 것 같은데, 우리 아이만 잘 이해를 못하는 것 같이 느껴지면 불안한 마음이 들지요.

대부분의 아이들은 자신이 무엇을 아는지 무엇을 모르는지 정확히 파악하지 못합니다. 그래서 풀었던 문제를 또 풀고, 모르는 문제는 계속 모르는 채로 있지요. 자신이 무엇을 알고, 모르는지 정확히 아는 것을 메타인지meta cognition라고 합니다. 메타인지는 전두엽에서 작동하는 기능으로 초등학교 시기부터 서서히 발달하기 시작하며, 학습 성취에 상당히 큰 영향을 끼칩니다. '내가 지금 설명 듣고 있는 내용을 이해하고 있는지', '내가 문제에 맞는 답을 알고 있는지', '내가 시험을 잘 보았는지, 못 보았는지', '지금 배우고 있는 내용이 나에게 어려운지, 쉬운지' 등등이 모두 메타인지와 관련됩니다.

이제 메타인지를 키우는 방법을 알아보겠습니다. 자녀가 메타인지를 갖기 위해서는 '왜 배워야 하는지'를 아는 것이 필요합니다. 학원에서는 문제를 푸는 기술을 가르치기 때문에 '왜 배워야 하는지'는 부모님께서 이야기를 나눠주시는 것이 좋습니다. 연산을 배운다면, 연산이 어디에 쓰이는지, 무엇을 해결하기 위해서 배우는지 먼저 자녀에게 질문을 던지는 것이지요. 그리고 아들이 알고 있는지 모르고 있는지에 대해서 "이거 알아, 몰라?"라고 무작정 묻기보다는 화이트보드나 넓은 종이에 관련 내용을 그림이나 도표, 글씨로 표현해보는 방법도 효과가 있을 것입니다. 자신이 아는 것과 모르는 것을 구별할 수 있는 것이 바로 메타인지의 출발이라는 점 기억해주시길 바랍니다.

4부

풍랑 속에 휩싸인
사춘기 아들의 뇌

Son's Brain

시한폭탄 사춘기 뇌

마냥 엄마 품에서 어리광만 부릴 것 같은 아들이 전혀 딴 사람으로 돌변하는 시기가 있죠? 별것도 아닌 엄마의 말에 버럭 화를 내기도 하고, 방문을 쾅 소리가 나도록 닫아버리기도 하고, 마치 귀가 안 들리는 것처럼 몇 번을 물어도 제대로 대답도 하지 않고 뚱해 있는 시기, 바로 사춘기입니다.

사춘기 자녀를 둔 부모들은 딸이건 아들이건 나름의 이유들로 고민이 많겠지만 엄마 입장에서는 아들을 둔 엄마들 고민이 조금 더 까다롭게 느껴집니다. 공감대가 상대적으로 적기 때문이에요. 딸은 엄마와 같은 여성이기 때문에 사춘기가 되더라도 '음, 나도 저 나이 때 저렇게 변덕을 떨고 우울했었어' 하고 이해하는 부분이 생깁니다. 그렇지만 아들의 행동은 그렇지 못하는 경우가 많아집니다.

아들이 근본적으로 다른 뇌 구조를 가졌다는 것을 분명하게 확인하게 되는 시기가 사춘기입니다. 아들의 뇌가 본격적으로 남성성을 갖추게 되는 시점이기 때문인데요. 이런 변화의 원인은 호르몬 분비와 전두엽의 상태 때문입니다. 아동기 때에 비해 흘러넘치는 호르몬의 분비량과 제 기능을 하지 못하는 전두엽이 전혀 다른 행동과 마음을 갖게끔 만들어버리거든요.

돌발 소년

가끔 우발적 범죄를 저지른 청소년 아이들을 만나 상담을 할 때가 있습니다. 아이들의 이야기를 듣다 보면 지나가던 아저씨의 훈계에 자기도 모르게 화가 치밀어 폭행한 아이, 컴퓨터를 못 쓰게 한 부모에게 폭력을 쓴 아이, 같은 반 친구가 자신의 신체적 약점을 놀리자 주먹을 휘두른 아이 등 순간적인 분노와 화를 참지 못하고 저지른 행동이 대부분이었습니다.

아들의 뇌가 분노를 통제하지 못하고 불행한 결과를 초래하게 만드는 원인은 크게 두 가지로 나누어볼 수 있어요. 그 하나가 바로 성호르몬의 급격한 증가입니다. 아들이 사춘기에 있다는 점을 알 수 있는 단서는 바로 2차 성징인데 목소리가 변하고 거뭇거뭇 수염이 나면서, 성인 남자에 가까운 몸으로 변하게 됩니다. 이런 변화를 일으키는 원인은 테스토스테론이라는 남성 호르몬 때문입니다. 테스토스테론은 아들의 몸을 변화시킬 뿐만 아니라 아들의 뇌를 완전히 달라지게 만들어버려요. 아동기에도 테스토스테론이 분비되기는 하지만 사춘기가 되면 양이 엄청나게 증가하고 시도때도 없이 들쭉날쭉 방출되면서 아들의 감정과 기분이 롤러코스터를 타게 되는 것마냥 출렁이는 것입니다.

아들의 뇌가 사춘기에 접어들었다는 것을 알 수 있는 간접적인 지표 중 하나가 바로 '아저씨 냄새'예요. 아들과 아들의 방에서 이루 말할 수 없는 퀴퀴한 냄새가 난다면 아들의 뇌는 지금 테스토스테론의 지배를 받고 있다고 생각하면 될 것입니다. 테스토스테론의 분비량이 많을 경우 인지적인 판단을 마비시켜버릴 정도의 폭발적인 공격성과 폭력성을 이끌어내기 때문에 공격 호르몬이라고도 부릅니다.

시간에 따라 아들은 아기에서, 소년으로, 청소년으로, 청년으로, 그리고 어른으로 성장해갑니다. 자연스럽고 당연한 단계지만, 그중 가장 극적인 변화가 바로 청소년기에 나타납니다. 청소년기의 아들은 이제 더 이상 품 안의 자식이 아닌 것처럼 느낄 정도로 부쩍 커버려요. 하지만 안타깝게도 몸만 어른이지 여전히 아들의 뇌는 스스로 통제 불가능한 미성숙한 상태이며 시시때때로 테스토스테론을 분출해 부모를 힘들게 합니다. 아동기에는 테스토스테론이 하루에 1~2회 정도 분출되는데 사춘기가 되면 5~7회 정도로 급격하게 증가하거든요. 게다가 1회에 분비되는 양 또한 많아지게 됩니다. 그래서 사춘기 남학생들의 혈중 테스토스테론 농도는 아동기에 비해 무려 열 배나 높다고 해요. 얌전하기만 하던 아들이 별것도 아닌 말에 발끈하고 욕을 하면서 주먹부터 휘두르게 만드는 가장 큰 원인이 테스토스테론의 농도 증가 때문이라고 볼 수 있는 것입니다.

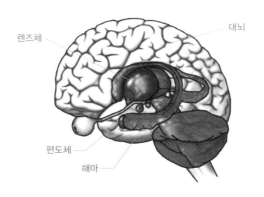

렌즈체
대뇌
편도체
해마

정확하게 표현하자면, 테스토스테론이 편도체amygdala를 자극하여 화가 폭발하게 되는 것인데 편도체는 생생한 감정을 발생시키고 기억하는 기능을 담당하는 변연계에 속하잖아요. 옆으로 누워 있는 U자형에 속하는 부분이 바로 변연계고요. 이 변연계 아래쪽에 위치한 편도체는 아몬드 모양으로 생겼는데 감정 중에서 분노, 공포의 발생과 관련이 있습니다. 우리가 어떤 위험한 장면에 직면하게 되면 편도체에서 두려움, 불안, 공포, 분노 등의 감정이 발생하게 되고, 이러한 감정에 맞추어 뇌는 '싸울 것인가 아니면 도망갈 것인가'를 결정하고 그에 따라 몸은 준비 태세를 갖추게 되는 것입니다. 분노의 감정을 느껴 싸우겠다고 결정하면 근육은 단단해지고 몸은 날렵해진다는 말이에요. 불안, 공포 등을 느껴 도망가겠다고 결정하게 되면 에너지는 온통 다리로 몰려 자신도 놀랄 정도로 뛰게 되는 것입니다.

이런 편도체는 테스토스테론 수용체를 가지고 있어요. 아니, 어쩌면 편도체는 언제든지 테스토스테론을 받아들일 수 있는 건지도 모르겠습니다. 어릴 때 아들의 뇌에서는 소량의 테스토스테론이 분비되기 때문에 편도체에서 흡수하더라도 폭발적인 분노를 보이지 않았지만, 사춘기에 급증한 테스토스테론의 양은 편도체를 가득 채우게 되고 이것은 그대로 아들의 공격성과 감정의 폭발로 이어지는 것이니까요. 편도체는 분노와 같은 감정이 발생되는 장소이기 때문에 감정을 증폭시키는 테스토스테론의 양이 편도체에 많이 흡수될수록 그만큼 강한 분노와 공격성이 발생하게 됩니다.

게다가 테스토스테론이 꽉 차 있는 편도체는 아주 사소한 말 한마디, 행동 하나에 쉽게 흥분하고 빠르게 반응합니다. 평소와 다를 바 없는 말에 예전과 달리 격한 반응을 보인다면 지금 아들의 편도체에는 테스토스테론이 꽉 차 있다고 생각하는 것이 정확합니다.

실수가 몰고 오는 치명적 결과

상담 과정에서 만났던 중학교 3학년 남학생은 초등학교를 다닐 때까지는 별명이 순둥이였을 정도로 온화한 아이였습니다. 그런데 중학교에 들어서면서부터 엄마를 깜짝 놀라게 할 정도로 분노를 터뜨렸다고 합니다. 엄마의 말이 자존심을 상하게 하거나 자신을 공격

하는 말이 아닌데도 짜증이 났고, 속이 부글부글 끓어오르는 기분이었다고 해요. 부모님이 너무도 놀라서 상담까지 하게 된 사건이 발생한 것은 3학년에 들어와서 얼마 되지 않았을 때였습니다. 토요일 오후에 친구들과 PC방에서 만나기로 하고 나가려는데 학원도 빼먹고 어딜 가냐는 엄마의 말에 그 남학생은 슬슬 짜증이 났다고 합니다. 처음에는 꾹 참고 "친구들하고 약속했단 말이야. 그러니까 나가야 돼"라고 퉁명스럽게 말했지만 자꾸 엇나가는 아들이 안타까운 마음에 엄마는 "그러지 말고 집에서 엄마랑 얘기 좀 하자. 너 진짜 요즘 왜 그러니?"라고 붙잡았는데 그 말이 불씨가 되고 말았습니다. 엄마의 말이 끝나기도 전에 아들은 주체할 수 없는 분노에 휩싸여 온갖 욕설을 퍼붓다가 자신의 몸에 자해까지 하고 만 것입니다. 공포와 절망감에 빠진 엄마는 몇 날 며칠을 울다가 아들과 함께 저를 찾아오게 되었고요.

최근 이런 유사한 사건 사고를 심심치 않게 접하게 되는데요. 자신을 계속 놀리는 친구에게 주먹을 날렸다가 영원히 불구로 만들어버린 일도 있었고, 몇 시간째 컴퓨터만 하는 아들에게 화가 난 엄마가 컴퓨터를 꺼버리자 자신의 아파트 방 창문에서 그대로 떨어져 목숨을 버린 충격적인 사건도 있었습니다.

이런 돌이킬 수 없는 사건들은 폭등해버린 테스토스테론과 관련이 많습니다. 테스토스테론에 의해서 자극을 받은 편도체는 작은 충격에도 엄청난 강도의 감정을 느끼게 되기 때문이죠. 편도체에서 강력한 감정 신호가 발생하면 이것은 뇌간과 하뇌lower limbic로 전달되는데요. 뇌간과 하뇌는 강력한 충동을 일으키는 뇌의 영역입니다. 결국 테스토스테론으로 잔뜩 부어오른 편도체가 뇌간과 하뇌를 자극하여 돌이킬 수 없는 행동을 하게 만든 것입니다. 공격성과 충동성은 전속력으로 달리는 자동차의 속도에 흔히 비유되곤 하는데 불행한 것은 브레이크처럼 멈출 수 있는 장치가 뇌에는 없다는 것입니다.

그렇다면 사춘기 아들의 뇌에서 폭발하는 공격성과 충동성은 조절이 불가능한 걸까요? 아프리카 코끼리에 대한 연구 결과를 살펴보면, 아들에게 무엇이 필요한지에 대한 힌트를 얻을 수 있는데요. 수컷 코끼리는 청소년기가 되면 인간과 마찬가지로 테스토스테론이 증가하게 되면서 폭력적이고 파괴적인 행동을 하게 된다고 해요. 이런 행동들은 코끼리 무리의 안전을 위협하게 되므로 상당히 위험하다고 볼 수 있습니다. 이런 돌발적인 청소년 수컷 코끼리를 통제하는 것은 강력한 권위를 가진 우두머리 수컷 코끼리인데 무리를 보호하고 존경받는 우두머리 수컷 코끼리는 천방지축의 청소년 수컷 코끼리에게 카리스마를 가지고 지도하여 공격성을 진정시키고 적절하게 훈육해서 무리에 적응하며 성장할 수 있도록 이끌어준다고 합니다.

스스로 제어하기 힘든 사춘기 아들의 공격성과 충동성도 마찬가지로 도움의 손길이 필요합니다. 강력한 권위를 가진 우두머리 수컷 코끼리가 청소년 수컷 코끼리를 이끌어주듯이 아들을 지도하고 조언을 해주며 충동적 감정을 조절하는 방법을 안내해줄 어른이 필요한 것입니다.

그런데 문제는 이 시기의 아들은 부모의 지도와 조언을 중요하게 여기지 않는다는 점입니다. 부모로부터 독립하기를 원하는 청소년기의 자녀에게 부모의 걱정과 조언은 잔소리로밖에 들리지 않거든요. 그러므로 평소 부모와 친밀한 관계에 있는 이웃이나 아들이 호감을 갖고 있는 지인들에게 부탁을 하는 것도 좋은 방법입니다.

중앙통제장치는 공사 중

테스토스테론의 집결로 화약고와 같은 상태인 사춘기 아들의 뇌가 감정을 통제하기 어려운 또 하나의 이유는 바로 전두엽의 미성숙함 때문입니다. 전두엽은 인간 뇌의 가장 핵심적인 인지적 능력을 담고 있는 중앙통제장치라고 볼 수 있는데 인간의 뇌 구조 중 가장 늦게, 천천히 발달한다는 특징이 있습니다. 특히 전두엽 중 전전두엽은 감정을 통제하고 조절하는 기능을 주로 담당하는데 10대에는 전전두엽이 제대로 기능할 수 있는 상태가 아닙니다. 남자 아이들의 뇌 발달 특성에 대한 권위자로 알려진 마이클 거리언에 따르면 남자 청소년의 전전두엽이 활성화되어 기능하는 경우보다 제대로 작동하지 못하고 비활성화되는 경우가 훨씬 많다고 합니다.

좀 더 자세히 말하면, 인지적이고 합리적인 문제 해결을 위해 전전두엽이 작동하기보다는 다른 사람들을 이기기 위해 필요한 수단과 방법을 총동원하는 데 그 힘을 쓰는 것이죠. 그래서인지 당장 시험이 코앞에 닥쳐도, 공부하라는 엄마의 폭풍 잔소리가 들려도 도무지 책상에 앉으려고 하지 않지만, 친구와 장난삼아 시작한 내기나 게임 등의 승부에는 죽기 살기로 매달리는 행동을 하게 됩니다.

또한 아들의 뇌에서는 공부, 숙제 등이 중요한 순위를 차지하지 않는 경향이 있어요. 말로는 중요하다고 느끼지만 실제 자신의 눈앞에 당면한 문제로 심각하게 받아들이기보다는 그저 뜬구름 같이 생각될 가능성이 높습니다. 공부가 자신의 먼 미래를 좌우한다는 말에는 수긍하지만 당장 눈앞에서 확인할 수 없는 것이기 때문에 실감하지 못하는 것입니다. 이 모든 행동들의 이면에는 미성숙한 전전두엽이 있습니다. 미래를 위한 계획을 세우고 그것을 실천하기 위해 자신을 동기화하며 유혹을 이겨내려는 의지를 발휘하는 기능을 담당하는 전전두엽이 제대로 발달하지 않았기 때문에 나타나는 행동들이라고 생각하면 됩니다.

피니어스 게이지 증후군

피니어스 게이지Phineas Gage는 미국에서 철로 놓는 일을 하는 사람이었습니다. 어느 날 그는 철로 놓을 자리에 떡 하니 버티고 있는 바위 덩어리를 부수기 위해 바위 아래에 다이너마이트를 설치하다가 실수를 하게 됩니다. 그 바람에 철로에 사용되는 쇠기둥이 튀어올라 게이지의 왼쪽 뺨을 뚫고 정수리 부분까지 관통한 끔찍한 일이 일어나고 말았습니다. 병원에 실려 간 게이지는 몇 개월 동안 병원에서 집중적인 치료를 받았고 기적처럼 완치되어 다시 일하던 곳으로 돌아왔습니다.

그런데 문제는 그때부터였습니다. 사고 이전에 게이지는 평판이 좋은 사람이었습니다. 친절했고 성격도 온화하며 사람들 사이에 신망이 두터웠습니다. 하지만 돌아온 게이지는 완전 딴판이었습니다. 툭하면 사람들과 싸움을 벌이고 거짓말과 이간질, 도둑질까지 하곤 했죠. 완전히 변해버린 게이지는 더 이상 사람들 사이에서 어울려 살지 못하고 이곳저곳을 방황하며 살다가 사고 이후 12년 만에 쓸쓸하게 죽었습니다.

게이지가 죽은 후 그를 수술하고 치료했던 의사는 시신을 수습하고 그가 이렇게 변해버린 이유를 조사했습니다. 그 결과, 12년 전 폭발 사고 때 그의 전전두엽이 손상된 것을 알게 되었고 인간의 본능적인 욕구와 충동을 조절하고 감정을 조절하는 곳이 바로 전전두엽이라는 사실도 밝혀지게 됐습니다.

눈썹과 눈썹 사이 이마 부위를 가만히 더듬어보면 홈이 패여 있는 것이 느껴질 것입니다. 그 홈 안쪽의 대뇌피질이 바로 전전두엽인데요. 전두엽은 사고, 판단, 기억, 언어 등 인간의 다양한 인지 기능을 담당합니다. 인간 능력과 기능을 진두지휘한다는 점에서 전두엽은 인간 뇌의 CEO라고 할 수 있는 것이죠.

전두엽 중 앞부분에 해당하는 전전두엽은 인간다움과 관련된 중요한 역할을 담당하는데요. 동물과 달리 이성적인 판단과 사고, 행동을 결정을 할 수 있고 강렬한 욕구, 감정을 느끼더라도 통제하고 조절하는 기능을 수행할 수 있다는 점입니다. 그래서 전전두엽이 잘 발달될 경우 온화하고 도덕적인 성품을 갖게 됩니다.

예를 들어 친하다고 생각했던 친구가 기분을 상하게 하면 이에 대한 반응으로 변연계의 편도체에서 화라는 감정이 발생하거든요. 이러한 감정 정보가 전전두엽으로 전달되면 전전두엽에서는 '나하고 친하다고 하는 녀석이 이런 말을 하다니 정말 서운하네' 혹은 '이 자식, 진짜 화나게 하는데? 가만히 있을 수 없지'라는 생각을 하게 됨과 동시에 '그렇다고 지금 내가 저 친구에게 버럭 화를 내면 우리 사이가 어색해지겠지?' 등과 같은 이성적인 판단을 내려 부정적인 감정 표현을 억누르게 되는 것입니다. 이러한 과정은 우리가 의식하지 못할 정도로 빠르게 진행됩니다.

사춘기 아들의 뇌가 벌이는 말썽은 바로 이런 전전두엽의 미성숙 때문에 발생하는 것입니다. 충동적으로 일어난 감정과 기분이 무엇인지 인식하고 상황에 맞는 판단을 하며 부정적인 감정 표현을 통제하는 전전두엽이 성숙하지 않았기 때문에, 무모한 행동과 막말로 주변 사람을 당황하게 만들고, 부모의 화를 돋우게 되는 참사를 벌이고마는 것이죠.

감정이 마지막이다

사춘기 아들이 질풍노도의 방황을 할 수밖에 없는 뇌의 특성을 가지고 있다고 밝혀진 것은 최근의 일입니다. 미국 국립 정신건강 연구소의 기드Giedd 박사와 고그티Gogtay 박사는 1991년부터 1,800명의 아동과 청소년의 뇌가 나이가 들어가면서 어떻게 발달하는지에 대해서 연구했습니다. 일정 기간마다 뇌의 변화 과정과 발달 상태, 영역 등을 단층 촬영하여 그 특성을 분석했는데, 가장 흥미로운 연구 결과가 바로 사춘기 뇌의 모습이었습니다.

먼저 뇌는 발달하는 순서가 있었습니다. 뒤통수에 있는 후두엽을 시작으로 그 다음에는 정수리 부분에 해당하는 두정엽이, 마지막으로 이마에 위치한 전두엽의 발달이 이루어졌습니다. 머리 뒤에서 출발하여 이마를 향하여 순차적으로 발달하는 것이죠.

아동기까지의 뇌세포는 급성장을 대기하고 있는 상태에 있습니다. 이때 뇌세포는 성장과 발달을 위한 준비 자세로 뇌세포의 끝부분에 있는 수상돌기를 무수히 만들어냅니다. 수상돌기는 다른 뇌세포와 연결되는 지점이므로 수상돌기가 많이 만들어졌다는 것은 그만큼 뇌세포 간의 연결고리가 두터워졌다는 것을 뜻합니다. 이 상태를 시냅스 꽃피우기synaptic blossoming라고 부릅니다. 뇌세포와 뇌세포 간의 연결 지점이 많아진 모습이 마치 꽃을 피운 것처럼 보이거든요.

이렇게 만개한 꽃과 같은 상태가 된 뇌세포의 연결 고리 시냅스가 모두 살아남는 것은 아닙니다. 연결된 시냅스 중 교육, 양육, 경험,

체험의 반복을 통해 튼튼해진 시냅스가 주로 살아남게 되는데요. 경험을 해보지 못한 나머지 수상돌기의 가지들은 시들시들하다가 결국 없어져버립니다. 도태되는 것이죠. 이런 과정을 시냅스의 가지치기 synaptic pruning라고 합니다. 무엇인가 배우고 경험하게 되면, 뇌세포를 촉발하게 되고, 뇌세포가 촉발하면서 시냅스가 더욱 강하게 연결되는 것입니다. 이러한 과정을 거친 뇌는 빠르고 유능하게 작동할 수 있게 됩니다.

뇌의 성숙 과정인 가지치기는 사춘기가 시작되는 청소년기부터 활발하게 이루어지는데 시각, 청각, 후각 등의 감각을 담당하는 뇌의 영역에서 가장 먼저 일어납니다. 의사결정, 판단, 조절과 같은 능력을 담당하는 뇌의 영역은 10대 후반에 도달해서야 가지치기가 시작되는데 이 영역이 바로 전전두엽인 것입니다. 감정을 통제하고 조절하는 전전두엽의 가지치기는 만 18세 정도에 일어나서 20대까지 계속해서 진행되거든요. 즉, 가지치기가 이루어지지 않은 사춘기 아들의 뇌는 스스로 감정을 다루지 못하다가 힘든 사춘기의 터널을 지나고서야 자신의 충동과 공격성을 다룰 수 있게 된다는 걸 의미합니다.

사춘기에는 짧은 진심이 통한다

얼마 전 남자 중학교 학부모 연수에서 강의를 한 적이 있습니다. 강의가 끝날 무렵 연수에 참석한 엄마 한 분이 이런 질문을 하셨어요.

"우리 아들과 대화라는 것을 할 수 있게 될까요?"

한바탕 웃음소리가 강당을 채웠다가 다시 심각한 분위기가 되었는데요. 웃고 지나치기에는 그 엄마가 갖고 있는 진한 고민의 흔적이 고스란히 전해졌습니다.

엄마의 입장에서는 아들의 행동을 이해하기 어려울 것입니다. 아들이 겪고 있는 남성으로서의 성장 과정을 엄마는 경험해보지 않았기 때문에 당혹스러운 것이죠. 중요한 것은 무조건 받아들이려고 애쓰기보다는 발달적 관점에서 이해해야 한다는 것입니다. 모든 아들이 겪게 되는 발달적 특징이라는 것을 알게 된다면 '내가 아들을 잘못 키운 것이 아닐까'라는 죄책감 없이 아들을 바라보고 받아들일 수 있게 될 테니까요. 이런 이해를 바탕으로 대화를 시작할 때 아들과 감정적으로 대립하지 않고 소통할 수 있을 것입니다.

공격성 호르몬을 건드리지 말 것

테스토스테론이 충만한 상태인 아들의 뇌가 보여주는 행동 중 가장 일반적인 것은 부모에 대한 무례한 태도입니다. 마치 어떻게 하면 부모의 마음을 더 상하게 만들 수 있을지를 궁리하는 것처럼 날이 갈수록 반항의 강도가 높아지죠. 부모도 사람인데 이런 아들의 태도에 무척 마음이 상합니다. 뿐만 아니라 자식을 이렇게 키우면 안되겠다 싶은 생각이 들게 되는데요. 어떻게 하면 될까요?

첫 번째, 아들의 상태에 대한 이해에서 출발해야 합니다. 바로 공격성 호르몬인 테스토스테론뿐만 아니라 미성숙한 전전두엽으로 인해 감정적인 제어가 어려운 발달적 특징을 정확하게 이해하는 것이 필요한 거죠. 이런 뇌의 발달적 상태에 있는 아들이라고 해서 마냥 마음이 편한 것은 아니라는 점도 알아두셔야 합니다. 감정 통제가 제대로 되지 않는 자신의 상태에 대해 아들 역시 불안감과 감정의 동요를 느끼고 있다는 것을 인정해야 해요. 부모에게 무례하게 행동하고 반항하면서도 동시에 이래서는 안될 것 같은 불안한 마음도 느끼고 있는 것이죠. 그런 자신의 마음을 들키지 않기 위해서 아들은 더욱 못되게 구는 경향이 있습니다. 꼭 기억해야 할 것은 아들이 자신의 행동을 자기 마음대로 조절하지 못한다는 것을 이해하고 인정하는 것입니다.

대화 A	대화 B
아들: 엄마, 내 가위 못 봤어? 엄마: 네 물건은 네가 잘 챙겨야지. 언제까지 엄마가 뒤치다꺼리를 해야 되니? 제발 물건 좀 제자리에 두라니까. 아들: 아이 씨, 됐어. 이젠 엄마한테 내 물건 찾아달라고 절대로 안 할 테니 엄마도 내 일에 참견 마.	아들: 엄마, 내 가위 못 봤어? 엄마: 응, 못 봤는데.

두 번째는 감정을 배제한 대화를 하는 것입니다. 감정을 배제한 대화라는 것이 언뜻 듣기에는 메마르고 비인간적인 것처럼 느낄 수도 있어요. 하지만 감정을 배제했다는 것은 아들의 공격성 호르몬을 자극하지 않는 대화를 의미해요. 다음의 대화를 비교해보세요.

대화 A에 나오는 엄마와 아들은 결국 서로 얼굴을 붉히게 됩니다. 엄마의 입장에서는 아들에게 규칙을 제대로 가르치는 것이 부모의 역할이라고 생각하고 한 말이잖아요. 전혀 이상할 것도 없는 대화지만 사춘기 아들을 둔 부모라면 이 시기 동안에는 규칙을 조금 느슨하게 풀어주고 아들의 질문에 초점을 둔 짧은 대답을 하는 것이 감정의 골을 생기지 않게 하는 방법입니다.

그러려면 아들이 내뱉는 말에 최대한 객관적으로 반응하려는 연습이 필요해요. 대화 B에 제시된 내용과 같이 아들의 질문에 대한 대답으로만 반응을 한다면 감정의 부딪힘은 거의 없겠죠.

사춘기 아들의 뇌는 폭발할 준비가 된 상태이기 때문에 규칙을 조금 느슨하게 풀어준다고 하더라도 아예 마음대로 행동하게 내버려둘 수는 없습니다. 그렇다면 어떤 방법이 있을까요?

규칙과 벌칙 정하기

사춘기 아들에게 규칙과 벌칙을 정하고 지키도록 가르치는 것이 말처럼 쉬운 일은 결코 아닙니다. 하지만 지금 이 시기에 감정 조절하는 연습을 하지 못한다면 그 치명적인 결과가 어른이 됐을 때 나타날 수 있어요.

무엇보다 아들에게 규칙과 벌칙을 지키도록 가르치기 위해서는 부모의 결심이 중요합니다. 이때 부모의 결심은 아들이 부모에게 굴복하고 복종하게 만들겠다는 마음을 의미하는 것이 아닙니다. 그보다는 기 싸움이 일어날 만한 상황을 피하겠다는 결심이 더 적합합니다. 또한 사춘기 아들에게 규칙과 벌칙을 전달하는 방법도 중요한데요. 지금부터 사춘기 아들과 기 싸움을 피하면서 규칙과 벌칙을 정할 수 있는 몇 가지 전략에 대해서 살펴보도록 하겠습니다.

먼저 사춘기 아들과 대화하기 전에 마음의 준비를 해야 합니다.

아들이 반항하고 화나게 하더라도 어떤 감정적인 동요도 보이지 않겠다고 다짐하세요.

사춘기 아들에게 규칙과 벌칙을 정할 때는 부모가 미리 가이드라인을 정한 뒤 아들에게 이야기해주는 것이 효과적입니다. 주의할 점은 구체적이어야 한다는 것입니다. 예를 들어 부모에게 무례한 행동을 하지 않는다보다는 부모와 대화하는 중에 먼저 일어나거나 문을 꽝 닫고 들어가는 행동을 하지 않는다로 정하는 것이 좋습니다. 또 시각적인 자극에 대한 주의 집중이 발달한 아들의 뇌를 고려하여 규칙과 벌칙이 적힌 종이를 잘 보이는 곳에 붙여놓는 것도 한 방법입니다.

마지막으로 사춘기 아들에게 규칙과 벌칙에 대해 설명할 때는 최대한 차분하고 단호한 말투로 간결하게 이야기합니다. 더불어 그 규칙이 우리 집의 질서를 유지하고 가족 구성원이 건강하게 살기 위한 방법임을 강조한다면 감정적으로 동요하지 않고 받아들이게 됩니다.

· SUMMARY ·

• 사춘기 아들의 뇌에는 엄청난 양의 테스토스테론이 분비되면서 공격성과 폭력성을 띠게 된다.
• 사춘기 아들의 뇌는 감정을 통제하고 조절하는 전전두엽이 미성숙한 상태이기 때문에 감정에 휘말리기 쉽다.
• 사춘기 아들이 감정적으로 폭발하지 않도록 원칙을 세워서 대화하도록 한다.

사춘기 아들을 위한 대화 규칙

아들에게 규칙과 벌칙에 대해서 알려주는 것 이외에도 아들과 대화를 해야 할 상황이 일어나게 된다. 사춘기 아들과 감정적 동요 없이 대화하기 위해서는 몇 가지 규칙이 필요하다.

1. 피해야 할 말

• 아들의 행동을 일반화시키는 말은 피해야 한다. 즉, '절대로', '한 번도', '언제나'와 같은 말로 아들의 행동을 지적한다면 아들은 엄마의 말이 틀렸다는 것을 보여줄 증거를 찾으려고 할 것이다.

• 다른 사람과 비교하는 말은 하지 않아야 한다. 특히 성적 등으로 다른 사람과 아들을 비교하는 것은 아들의 자존감을 떨어뜨릴 뿐만 아니라 부모에 대한 신뢰감도 떨어뜨리게 한다.

• 아들이 말하고 있는 중간에 "똑바로 앉아서 말해", "너 지금 말하는 태도가 그게 뭐냐" 등의 지적은 부모와 대화하고자 하는 아들의 의욕을 떨어뜨린다. 아들이 하고 싶은 말을 모두 할 때까지 기다리는 여유가 필요하다.

• 아들과 대화하는 동안에 부모가 팔짱을 끼거나 다른 곳을 응시하면 아들은 부모가 자신의 이야기를 들으려고 하지 않는다고 생각할 수 있다. 아들이 이야기하는 동안 적극적으로 경청하는 모습을 보이는 것이 좋다.

2. 대화 규칙

• 부모로서 아들에게 꼭 무엇인가를 가르쳐야 한다거나 훈계를 해야 한다는 목적으로 대화를 시작하면 아들은 입을 다물고 되도록 자신에게 일어난 일을 숨기려고 한다. 그러므로 평소에 아들과 대화를 많이 해서 아들에게 무슨 일이 일어나고 있는지 알고 있는 것이 중요하다.

• 사춘기 청소년들은 자신들의 상황과 마음을 이해하고 있다고 생각되는 사람에게 이야기하고 싶어 한다. 사춘기 청소년들과 대화할 때 유용한 대

화 기술로 상담의 대가인 칼 로저스Carl Rogers의 앵무새 대화법이 있다. 사춘기 아들의 말 한마디 한마디를 따라하는 것이 아니라 아들이 말하는 요지를 어른의 말로 풀어서 반복하는 대화법이다. 아들이 자신의 이야기를 계속할 수 있게 되면서 자신이 이해받고 있다고 느끼게 만든다.

• 아들의 행동이나 잘못에 대해서 대화할 경우에는 그 시점에 관한 것만 다루도록 한다. 이전의 행동과 잘못을 들추게 되면 아들은 적대적인 태도로 돌변한다.

사춘기 사랑, 설교하지 말라

아들에게 2차 성징이 나타나고 이른바 사내처럼 변해버린 모습을 보면 엄마들은 오만 가지 감정을 느끼게 된다고 합니다. 커버린 아들을 보며 뿌듯한 마음도 들지만 동시에 이젠 엄마 품을 더 이상 필요로 하지 않을 것이라는 서글픔도 함께 느껴진다고 하면서요.

또 다른 감정은 두려움이라고 해요. 겉모습은 완연히 총각으로 변해버렸는데 이러다가 정말 어른 흉내를 내면 어쩌나 하는 생각에서 덜컥 겁이 나게 되는 것이죠. 그도 그럴 것이 매스컴에서 보도되는 사건들 중 청소년들의 임신, 성문제 등이 상당하기 때문에 이런 감정을 느끼는 것은 당연합니다.

여자 생각으로 가득한 우리 아들, 정상인가요?

얼마 전 친하게 지내던 동료가 우울한 목소리로 연락이 왔습니다. 중학생인 아들이 요즘 들어 부쩍 모양을 내고 옷 타령을 하더니 급기야 학원에서 연락이 오기를, 학원에 들어온 것은 확인이 됐는데 수강해야 할 교실에는 나타나지 않았다는 것이었습니다. 생전 본 적이 없었던 아들의 과감한 행동에 놀라 그날 저녁 다그치니 같은 학원에 다니는 한 여학생에게 반해버렸다고 고백했다는 것입니다. 그 이후로 그 여학생의 일거수일투족을 살피느라 자신의 수업 시간에 들어가는 것까지 잊어버렸다는 아들의 말에 엄마의 마음은 그야말로 시커멓게 타들어갔다고 합니다.

공부와 입시를 위해 집중해야 할 시기에 사춘기 아들의 성적 욕구와 동기는 부모의 애간장을 태우게 만드는 사건임에는 분명한데요. 근데 왜 하필이면 이때란 말입니까?

아들이 사춘기가 되면 부모를 당황하게 만드는 상황들이 종종 벌어집니다. 얌전하다고 생각했던 아들이 누군가를 흠씬 때려놓을 때고 있고 사소한 부모의 말에 격분해서 무엇인가를 부수는 경우도 있습니다. 여자친구에게 홀딱 빠져 정신을 못 차리는 모습을 보이는 것도 이에 포함되는데요. 이 모든 것은 아들의 뇌가 사춘기가 되면서 나타나는 변화 때문에 생긴 결과입니다. 아들이 이성에 눈을 뜨고 사랑의 열병을 앓게 만드는 원인을 뇌 과학적 분석에 따라 두 가지로 살펴보겠습니다.

첫 번째는 사춘기 아들의 뇌에 분비되는 남성 호르몬 때문입니다.

아들이 10대에 도달하게 되면 뇌에서는 안드로겐androgen이라는 호르몬이 서서히 증가합니다. 안드로겐은 남성 호르몬을 통틀어서 말하는데, 앞서 언급한 테스토스테론도 안드로겐에 포함됩니다. 안드로겐에 포함되는 또 다른 남성 호르몬으로 디히드로에피안드로스테론DHEA : dehydroepiandrosterone이 있습니다. 이 길고 어려운 이름의 호르몬이 바로 아들이 이성에게 반하게 만드는 호르몬인데요. 대부분의 청소년들이 사춘기에 첫사랑이나 풋사랑을 경험하여 사랑에 눈을 뜨게 되는데 바로 DHEA 분비량이 증가하면서 나타나는 현상입니다.

두 번째는 사춘기 아들 뇌의 일부 영역이 변화하기 때문입니다. 인간이 성욕, 식욕, 수면욕 등의 기본적인 욕구와 충동을 느끼도록 만드는 뇌의 기관은 바로 시상하부인데요. 특히 시상하부에 포함되는 INAH3라는 영역은 성에 대한 강력한 관심을 갖게 만드는 곳으로, 아들이 사춘기가 되면 INAH3 영역이 눈에 띄게 부풀어 오르면서 성에 대한 호기심도 급증하게 됩니다. 그리고 이때가 바로 아들의 몽정이 시작되는 시기이기도 합니다.

부모 특히 엄마는 아들이 몽정을 하게 되었다는 것을 알면 당황하지만, 아들 역시 혼란스러움에 빠지게 됩니다. 그러나 몽정으로 인해 불쾌함을 느끼는 것이 아니라 오히려 성적인 쾌감을 느끼면서 자위를 하게 되는데 성적인 쾌감은 바로 도파민이라는 뇌의 신경전달물질과 관련이 있습니다. 인간이 무엇인가에 푹 빠져 있을 때 도파민이 분출되고 더할 나위 없는 즐거움의 감정을 느끼게 되는데요. 사춘기 아들이 성적인 행동, 생각, 환상에 집착하게 되는 이유도 바로 이 도파민 때문입니다. 몽정 역시 잠을 자는 동안 느낀 성적 충동의 결과로서 극한의 절정감을 경험한 것이고 말입니다.

사춘기 아들의 성에 대한 관심과 욕구는 같은 연령대의 사춘기를 겪고 있는 딸들보다 훨씬 강력합니다. 사춘기 딸도 성적인 충동이 증가하기는 하지만, 아들에 비하면 극히 낮은 수준이라고 할 수 있어요. 그래서 사랑, 성에 관한 사춘기 아들과 딸의 생각은 크게 다름을 이해하셔야 합니다.

사랑에 빠지는 건 지극히 자연스러운 일

대학원 시절 우연히 동료들에게 들었던 이야기가 문득 생각납니다. 한 남자 동료가 자신의 첫사랑에 대해 털어놓았는데, 고등학교 때 만난 여학생에게 완전히 반해서 몇 달을 쫓아다니다가 사귀게 되었다고 해요. 세상이 온통 장밋빛으로 느껴졌고, 자신은 이 여학생과 고등학교를 졸업하자마자 결혼을 해야겠다는 굳은 결심까지 했다고 했어요. 그리고 대학 입학과 동시에 부모님께 결혼하겠다고 폭탄선언을 했다고 합니다. 부모님은 기막혀 말 한마디 안 하시더니 1년 후에 다시 이야기하자고 말씀하셨다고 합니다. 1년 뒤 두 사람은 결혼했을까요? 몇 달도 되지 않아 그 여학생과의 연애는 끝났다고 합니다.

런던 대학교 뇌 과학 연구소의 안드레아 바텔스Andreas Bartels와 세미르 제키Semir Zeki는 사랑에 빠진 청소년과 청년의 뇌를 연구하여 재

있는 결과를 발표했습니다. 그들은 자신의 연구 대상인 남녀 청소년과 청년에게 너무도 매력적인 이성의 사진을 보여주고 뇌의 반응을 촬영했습니다. 이때 뇌의 반응이 정말 다르게 나타나는지 비교하기 위해 평소에 친한 친구지만 각 연구 대상들이 이성으로서 매력을 전혀 느끼지 않는 사람들의 사진도 함께 보여주었습니다.

뇌의 반응을 분석해보니 정말 흥미로운 결과가 나타났습니다. 친하지만 이성으로서 매력을 느끼지 않는 친구의 사진을 보았을 때 뇌의 대뇌피질 영역 즉 전두엽, 후두엽, 측두엽, 두정엽 모두 뇌의 활동 패턴이 매우 일정한 것으로 나타났습니다. 뇌의 안쪽에 위치한 변연계도 안정적인 상태였죠. 친한 친구의 사진은 뇌에 아무런 변화를 주지 않았던 것입니다.

반면 매력적인 이성의 사진의 보았을 때 뇌의 반응은 매우 불안정하게 나타났습니다. 감정을 통제하고 관리하는 전전두엽의 기능이 전혀 말을 듣지 않는 상태가 됐다는 말입니다.

변연계의 반응도 달라졌습니다. 변연계는 앞서 설명했듯이 감정이 발생되는 장소이면서 느낀 감정에 따라 몸 전체의 상태가 달라지도록 명령을 내리는 기관입니다. 어두운 밤에 낯선 남자가 뒤를 쫓아오면 변연계에서는 두려움과 불안이라는 감정이 발생되면서 이에 따라 심장박동이 빨라지게 만들고 온몸의 근육에 피가 몰리게 만들어 도망갈 태세를 갖추도록 하는 곳입니다. 사랑의 감정을 느끼게 될 때에도 변연계에서 비슷한 반응이 나타나게 되는데 가슴이 두근거리고 온 신경이 한 사람에게 향하게 되며 이성적인 기능은 마비가 되는 것입니다.

　게다가 감정을 통제하고 조절하는 전전두엽의 발달이 완성되지 않은 청소년의 뇌는 더욱 강력한 감정의 각성이 일어납니다. 세계적인 상담심리학자 데이비드 월시는 사랑에 빠진 청소년의 뇌 활동은 코카인 중독자의 뇌에서 관찰되는 신경 촉발 패턴과 유사하다고 주장했습니다. 이때 분비되는 신경전달물질도 관련이 깊었습니다. 사랑에 빠져 있을 때 두근거리고 즐거움을 느끼게 해주는 도파민, 사랑하는 사람에 대한 신속한 반응과 집중을 하게 만드는 노어에피네프린이었습니다.

　그런데 사춘기 아들과 딸의 사랑에 빠진 뇌의 상태가 영원히 지속되는 것은 아닙니다. 정확하게 말하면 사랑에 빠져 있는 시간은 어른보다 훨씬 짧아요. 뇌 과학자들의 연구에 따르면 청소년이 사랑에 몰입하는 기간은 평균적으로 3~4개월 정도라고 합니다. 뇌 과학자들의 설명에 따라 청소년들의 행동을 분석해보면 어느 정도 맞아떨어지는 것으로 보입니다. 사랑에 빠졌다고 말하고 나서 얼마 지나지 않아 시시해졌다고 하는 청소년들을 종종 만나게 되니까요.

　사랑을 느끼는 것과 사랑하는 마음을 유지하는 것은 다른 차원의 일인 것 같습니다. 사춘기 아들은 사랑을 느낄 수 있지만, 사랑하는 마음을 유지하고 사랑을 지켜나가기에는 아직 뇌가 성숙되지 않은 것입니다.

섹스에 대해 어떻게 말할까?

성이란 주제는 다소 민감한 부분이 있습니다. 아무리 아들, 딸이라고 하더라도 개인적인 프라이버시가 있으니까요. 다음 질문에 대해 허심탄회하게 답해보시겠어요?

1. 나는 사춘기 아들에게 이성, 사랑, 섹스 등에 대해서 미화시켜서 이야기하지 않는다.
2. 나는 우리 아들이 성적인 관심을 갖고 있다는 것에 대해서 지극히 자연스럽게 생각한다.
3. 나는 우리 아들과 연애 관계에서 중요한 가치와 태도에 대해서 이야기 나눈다.

4. 나는 우리 아들에게 성행위, 피임 등에 대해서 정확하게 알려준 적이 있다.

5. 나는 우리 아들이 좋아하는 이성 친구가 누구인지 알고 있다.

6. 나는 인터넷이나 또래들을 통해 성적인 정보를 얻는 것이 우리 아들에게 얼마나 위험한 일인지 잘 알고 있다.

7. 나는 우리 아들이 이성 친구를 사귀는 것에 대해서 화내거나 비웃지 않는다.

위에 제시된 일곱 가지 질문은 모두 사춘기 아들을 키우는 부모가 기억하고 주목해야 할 사랑과 성에 관한 질문입니다. 위 질문에 대해 '그렇다'는 대답이 많다면 현재 사춘기 아들에게 필요한 성교육을 적절하게 시키고 있다고 말할 수 있으며, '아니다'라는 대답이 많다면 지금부터 열심히 사춘기 아들과 사랑과 성에 대해서 이야기를 나눌 필요가 있습니다. 처음부터 쉽지는 않겠지만, 아들의 인생을 좌우할 주제이기 때문에 포기하지 않아야 할 중요한 내용임을 기억해야 합니다.

사랑의 3요소

예일 대학교의 심리학자 로버트 스턴버그Robert. J. Sternberg는 사랑의 삼각형 모델을 주장했습니다. 사랑은 열정, 친밀감, 헌신이라는

세 가지 요소로 구성되어 있다는 것인데요. 이 중 한두 가지 요소에만 치우쳐져 있다면 그것은 성숙한 사랑이라고 말하기 어렵다고 이야기합니다.

친밀감, 헌신 없이 열정만 있는 사랑은 성적인 매력과 신체적인 접촉 등과 관련이 있습니다. 스턴버그는 이러한 사랑을 얼빠진 사랑, 도취적이고 배타적인 사랑이라고 말합니다.

친밀감, 열정이 부족하고 헌신만이 강조된 사랑 역시 공허한 사랑이라고 말할 수 있으며, 열정과 헌신이 부족한, 친밀감이 지나친 사랑은 현실과 동떨어진 낭만적 사랑이거나 형제자매 사이에서 느끼는 우애 같은 사랑일 뿐이라고 주장했습니다. 결국 열정, 친밀감, 헌신을 모두 포함하고 있는 사랑이야말로 성숙하고 완전한 사랑인 셈입니다.

하지만 대부분의 사람들은 불완전하기 때문에 이 세 가지 요소를 적절하게 포함하고 있는 사랑을 하기가 쉬운 일이 아닙니다. 더군다나 호르몬과 뇌의 변화로 인해 자신의 의지대로 감정을 통제하고 조절하는 기능이 부족한 사춘기 아들은 더욱더 불완전한 사랑을 할 수밖에 없겠죠. 열정 혹은 친밀감에 치우친 사춘기의 사랑은 사랑하는 사람을 책임지고 배려하며 존중해야 하는 헌신의 마음이 부족할 가능성이 많습니다. 헌신이 포함된 사랑이란 사랑하는 사람의 실수와 단점을 수용하고 인정하며, 힘든 일을 겪을 때 곁에서 지지하고 의지할 수 있게끔 마음의 힘이 되어주죠. 헌신이 포함되어 있어야 사랑은 장기간 동안 유지될 수 있습니다.

헌신 없이 열정과 친밀감이 강한 사춘기의 사랑은 호르몬과 신경전달물질의 신호가 약해지면 이성의 작은 실수에도 큰 실망을 하고 이성에 대한 관심과 호기심이 사라지게 됩니다. 이것은 갑작스럽기도 하지만 사춘기 아들의 전전두엽이 성숙해지고 있다는 신호이기도 합니다. 하지만 호르몬과 신경전달물질의 신호가 강한 사랑의 상태에서 주변의 만류는 오히려 사랑에 불을 붙이는 결과를 초래할 수도 있습니다.

아들이 열정, 친밀감, 헌신을 모두 포함한 제대로 된 사랑을 한다는 것을 어떻게 알 수 있는지에 대해서 뇌 과학자들은 애착 호르몬으로 설명하는데요. 메릴랜드 대학교의 심리학자인 수전 베이커Susan Baker는 진실한 사랑의 관계를 맺는 시기에 여성에게는 옥시토신oxytocin이, 남성에게는 바소프레신vasopressin이라는 호르몬이 충분히 생산된다고 설명합니다.

옥시토신은 아기에게 모성애를 느끼고 보호하고자 하는 행동을 이끄는 호르몬이며, 바소프레신은 배우자에게 책임감을 느끼고 신뢰하는 마음을 이끄는 호르몬인데요. 안정적인 인간관계를 맺는 데 필요한 뇌의 화학물질이 충분해질 때 사랑하는 마음을 유지하고 지킬 수 있게 된다고 합니다. 부모에게 반항하고 공격적이던 사춘기 아들이 부모에게 미안함과 측은함을 느끼고 부모의 요구를 따르고 순응하는 모습을 보일 때 아들의 뇌에 바소프레신 분비가 증가하고 있는 것입니다.

수학처럼 성도 가르치자

격렬한 감정이 언제 폭발할지 모르는 일촉즉발의 사춘기 아들과 사랑, 성에 대하여 대화를 나눈다는 것이 부모 입장에서는 무척 긴장되는 일입니다. 그러나 대화를 나누지 않는 것은 훨씬 더 위험합니다. 우울함과 약간의 불안을 보이는 사춘기 아들 때문에 상담을 요청한 한 어머니가 있었습니다. 평소 아들과 많은 대화를 나누지는 않았지만, 아들이 사춘기가 되자 더욱 말수가 없어진 데다가 주변에서 흔히 말하는 사춘기의 격한 감정 반응을 보일 것이 두려워 일상적인 일이외에는 일부러 말을 걸지 않았다고 합니다. 그런데 최근 들어 아들이 부쩍 식욕도 없는 것 같고, 방에 틀어박혀 불안한 눈빛으로 어쩔줄 몰라 하다가 망연자실한 표정으로 있는 모습을 보고 겁이 덜컥 났다고 해요.

고등학생인 남학생의 특징상 엄마가 곁에 있으면 하고 싶은 말을 꺼내지 않을 것 같아서 엄마는 밖에서 기다리시라고 하고 둘이서 이런저런 이야기를 나누게 되었습니다. 한참을 겉도는 이야기를 하다가 마침내 털어놓은 이야기는 가히 충격이었습니다.

겨울 방학 때 친구 소개로 만난 여학생을 좋아하게 되었는데, 사귀다 보니 잠자리도 하게 되었다는 것이었어요. 그런데 얼마 전에 여자 친구가 임신을 하고 만 것이죠. 이 남학생은 내성적인 성향을 갖고 있기도 했지만 부모님과 대화다운 대화를 나눈 기억도 없고 부모님이 자신에게 관심도 없는 것 같이 느껴져 이 일을 어느 누구에게도 털어놓지 못한 채 한 달 가까이 애만 태우고 있었던 것이었습니다. 잠시 뒤 이 이야기를 전해 들은 남학생의 어머니는 큰 충격을 받았습니다. 아들이 저지른 일도 일이지만, 가족에게조차도 털어놓지 못했다는 사실과 그렇게 만든 것이 자신인 것 같다는 죄책감 때문이었습니다.

이 문제의 원인이 어머니에게 있다고 말할 수는 없을 것 같아요. 그렇지만 평소에 껄끄럽고 불편한 이야기라도 대화를 나누었다면 어땠을까 하는 안타까운 마음이 들었습니다. 아들에게 일어나고 있는 일과 상황에 대해서 부모가 알고 있는 것은 중요합니다. 사춘기 아들과 사랑, 성에 대해서 대화하기 위해서 도움이 될 만한 내용을 소개해 보도록 하겠습니다.

사춘기 아들과 성에 대해 이야기할 때는 심각하게 접근하기보다 드라마 등을 같이 보면서 아들이 먼저 이야기를 꺼내도록 유도하는 것이 좋습니다. 데이비드 월시 박사는 부모와 자녀가 평소에 사랑, 성, 섹스 등에 대해서 지속적으로 대화를 나눌 경우 자녀가 성행위를 경험하는 연령이 늦춰지며 안정적이고 책임감 있는 사랑을 하게 된다고 주장합니다.

가족끼리 여행을 가거나 집 이외의 장소에서 아들과 시간을 보냈을 때 부모의 연애 경험 등을 들려주면서 사랑의 가치에 대해 교육하는 것도 도움이 됩니다. 만약 아들에게 이성 친구가 있을 경우 '어른이 되면 더 좋은 사람 만날 수 있으니까 지금은 공부에만 집중해' 같은 타박보다는 '그 친구랑 있으면 보통 어떤 이야기를 해?', '친구들은 네 여자 친구에 대해 뭐라고 말하니?'와 같은 질문을 던짐으로써 아들 스스로 객관적인 관점에서 이성 친구를 바라볼 수 있도록 하는 것이 효과적입니다.

성과 관련된 주제를 사춘기 아들과 대화하는 것이 너무 어렵다고 느껴질 경우에는 아들이 볼 만한 수준의 내용을 담고 있는 책을 찾아서 권하는 것도 좋습니다. 사춘기 아들이 부모에게 쉽게 털어놓을 수 없는 변화, 즉 몽정이나 자위행위 등에 대한 정보를 책을 통해 전달하게 되면 아들은 자신의 행동에 대한 죄책감보다 정서적인 안정감을 갖게 될 것입니다.

사춘기 아들에게 일어나고 있는 이성 교제나 사랑 등에 대해 편안하게 대화할 수 있는 멘토를 만들어주는 것도 부모의 역할입니다. 이모, 삼촌과 같은 가까운 친지도 좋고 아들의 성장과정을 오랜 시간 지켜본 주변 이웃도 좋습니다. 사춘기 아들이 자칫 소통의 창구를 닫아버리지 않도록 지속적인 관심과 배려가 필요합니다.

마지막으로 사춘기 아들과 성에 대해 이야기하겠다고 마음먹었다면 결코 설교하지 않겠다는 굳은 결심을 한 뒤 대화가 나서길 바랍니다. 사춘기를 지나는 청소년들은 어른들이 야단치거나 가르치려고 하는 낌새만 보여도 입을 닫아버리는 경향이 있습니다. 어떤 주제든 아들의 이야기를 중간에 자르지 말고 끝까지 들어주는 일이 가장 중요합니다.

· SUMMARY ·

- 사춘기 아들의 뇌는 신경전달물질의 분비와 일부 기관의 변화로 인해 사랑과 성에 집중할 수밖에 없는 상태에 이른다.
- 사춘기 아들이 생각하는 사랑은 충동적이고 낭만적인 성향이 강하므로 사랑을 느끼게 되는 감정보다 사랑을 지키고 유지하는 것에 대해서 대화하도록 한다.

불편한 진실, 그러나 필요한 지식

과거에 비해 최근 학생들에게 성교육에 대한 수업이나 교재가 소개되고 있지만, 우리나라 청소년을 대상으로 한 성교육은 다른 선진국에 비해서 많이 뒤처지고 있는 수준이다. 선진국에서 우리나라 중고등학생 연령대에 해당하는 학생들에게 실시하고 있는 성교육의 중요 내용 중 하나는 피임, 성병과 관련된 내용이다. 이에 대한 내용은 부모 입장에서 상당히 불편할 수 있으나 필요한 지식임을 인지해야 한다.

- 첫 성행위를 경험한 연령에 대한 선진국의 통계치를 살펴보면 남학생은 15세, 여학생은 16세인 것으로 나타났다. 그러나 10대 임신 비율이나 성병에 감염된 비율은 미국이 다른 선진국에 비해 월등하게 높은 것으로 나타났다. 그 이유는 미국 청소년들이 콘돔을 덜 사용하고, 다른 선진국에 비해 성병에 대한 정보 등을 비롯한 성교육을 덜 받기 때문이라고 데이비드 월시 박사는 주장하고 있다.
- 미국 질병 통제 및 예방센터의 보고에 따르면 매년 300만 명의 10대가 성병에 걸리는 것으로 나타났다. 피임 등 성교육에 대한 실질적인 정보의 중요성이 커지고 있음을 보여주는 대목이다.
- 우리나라의 청소년 역시 다른 나라의 청소년과 마찬가지로 성이나 성행위 등에 강한 호기심을 가지고 있으며 인터넷 등을 통해 성에 대한 접촉도 많아지고 있는 실정이다. 우리나라 청소년들은 가장 안전하게 보호할 수 있는 방법은 피임에 대한 정확한 정보를 알려주는 것이다.

감정 조절 능력이
미래를 결정한다

중학교에서 아이들을 가르치고 있는 친구의 이야기를 듣고 한동안 마음이 심란한 적이 있었습니다. 도를 넘은 학생들의 무례함, 문제 행동 때문에 겪는 고충도 큰데 학생들을 훈육할라치면 학부모들이 달려와 교사에게 항의를 해대는 통에 회의감이 느껴진다는 하소연이었거든요. 초등학교 때부터 한 번도 바뀌지 않았던 교사라는 자신의 꿈이 초라하게 느껴지고 천직이라고 믿었던 교사직을 그만둬야 할까라는 고민까지 하고 있다는 말에 어떤 위로의 말도 건네기가 무척 조심스러웠습니다.

청소년들의 행동 문제는 비단 우리나라에서만 나타나는 현상이 아닙니다. 미국에서도 학생들의 잘못된 행동으로 인해 교사 두 명 중 한 명이 교단에 선 지 5년 내에 그만둔다는 보고가 있을 정도니까요.

물론 사춘기라는 시간 동안 청소년들의 뇌에서는 엄청난 변화가 일어나 자신의 의지대로 행동하고 감정을 조절하기가 어려운 것은 맞습니다. 사춘기 아들은 2차 성징으로 인해 웬만한 성인에 맞먹는 폭발적인 힘을 가지고 있어서 감당하기 어려운 일이 벌어질 수도 있지요.

그렇다고 해서 그들의 행동을 방치할 수만은 없습니다. 그것은 아들의 미래에 악영향을 미칠 수도 있으니까요. 인간의 뇌는 방치하고 내버려둘수록 가지치기가 일어나 발달의 기회가 사라지게 되는데요. 감정 조절 기능이 미성숙하다고 해서 감정을 통제하고 관리하는 연습을 게을리한다면, 감정 조절을 담당하는 뇌 영역이 발달할 수 있는 가능성이 사라질 수도 있다는 말입니다.

마시멜로 이야기

마시멜로 실험을 모두 한번쯤은 들어봤을 것입니다. 『마시멜로 이야기』라는 책이 베스트셀러가 되기도 했으니까요. 1966년 스탠퍼드 대학교의 월터 미셸Walter Mischel 박사는 4세 유아들을 대상으로 일명 '마시멜로 실험'을 실시했습니다. 600명이 넘는 4세 유아들에게 마시멜로 한 개가 담긴 접시와 두 개가 담긴 접시를 보여주며 말했죠. 지금 당장 한 개가 담긴 접시의 마시멜로를 먹을 수 있지만, 15분을 기다리면 두 개가 담긴 접시의 마시멜로를 주겠다고 말입니다. 실험자는 그렇게 말한 뒤 방을 나갔습니다. 실험에 참가한 4세 유아들은 다양한 모습을 보였는데 실험자가 나가자마자 마시멜로를 당장 먹어 버리는 아이도 있었고, 두 개를 먹기 위해 참고 참다가 당장 눈앞에 놓인 마시멜로의 유혹을 이기지 못하고 입안에 넣어버리는 아이도 있었습니다. 끝까지 참아내고 15분을 기다려 두 개의 마시멜로를 받은 아이들도 물론 있었습니다.

미셸 박사는 4세 유아들의 행동을 면면히 기록한 후 15년 동안 유아들이 어떻게 성장하는지 삶의 모습을 추적했고 그 결과를 1981년에 발표했습니다. 미셸 박사의 연구 결과는 참으로 놀라웠어요. 15분을 기다려 두 개의 마시멜로를 먹은 아이들은 미국 대학 적성 능력 평가인 SAT 점수에서 또래들에 비해 높은 점수를 받았으며 부모와 교사와의 관계 등에서도 원만하고 긍정적인 관계 형성을 맺고 있는 것으로 나타났습니다.

그 이후 아이들이 나이 들어감에 따라 변화되는 삶의 모습에 대한 종단 추적 연구도 계속 진행되었는데 그들은 어른의 삶에서도 차이가 나타났습니다. 기다리지 못한 아이들이 비만, 약물중독, 사회 부적응 등의 문제로 인해 고통스러운 삶을 살고 있었던 반면, 끝까지 참아낸 아이들은 비교적 성공한 삶을 살고 있는 것으로 나타났으니까요.

미셸 박사는 마시멜로 실험을 통해 만족 지연 능력delay of gratification이라는 중요한 개념을 발표했습니다. 만족 지연 능력이란 앞으로의 더 좋은 결과를 위해 현재의 작은 만족을 미룰 수 있는 능력을 말해요. 달리 말해 지금 너무 재미있는 게임을 하고 있지만, 시험 공부를 하기 위해 게임을 그만할 수 있는 마음의 결단력이 바로 만족 지연 능력인 것입니다. 지금 읽고 있는 책이나 공부가 지루하고 재미없지만, 꾹 참고 그것을 계속할 수 있는 힘 역시 만족 지연 능력이에요. 이것은 현재의 감정을 스스로 통제하고 조절하는 감정 조절 능력인 것입니다.

마시멜로 실험이 세상에 알려지자 많은 부모들이 만족 지연 능력 혹은 감정 조절 능력이 실제로 자녀의 삶에 어느 정도 영향을 미치는지를 확인하고 싶어 했어요. 그래서 그 이후 마시멜로 실험과 유사한 연구가 여러 번 실시되었는데 그중 하나가 펜실베이니아 대학교 심리학 연구자들의 실험입니다. 그들 역시 마시멜로 실험과 같은 결론을 내렸으며 이러한 만족 지연 능력, 감정 조절 능력은 아이들의 지능지수보다 성적을 예언하는 데 두 배나 강력한 예측인자가 된다고 주장했죠.

사실 마시멜로를 비롯한 이와 같은 연구 결과들은 결코 놀랍거나 새로운 것은 아니에요. 학교 교사들의 설명만 들어봐도, 머리가 좋고 IQ가 높지만 자신의 감정을 다스리지 못하고 내키는 대로 행동하거나 무엇을 하려고 하는 마음의 의지가 없는 아이들과, IQ는 보통 수준이지만 인내심이 강하고 동기가 높은 아이들을 비교해보았을 때 후자의 경우가 성적이나 생활 태도 등에서 좋은 결과를 보인다고 말하고 있거든요. 아무리 머리가 좋더라도 감정을 조절하고 관리하는 능력이 부족하다면 타고난 재능을 발휘하지 못한다는 말이기도 합니다.

세 살 버릇 여든까지 간다

언제부턴가 중2병이라는 말이 유행입니다. 감정적 변화와 반항 행동을 보이는 사춘기의 절정을 대변하는 표현이죠. 그래서인지 사춘기에 해당하는 청소년들은 그릇된 행동을 해도 "뭐, 나는 그래도 되는 나이 아니야?"라며 면죄부를 가진 것처럼 행동하기도 합니다. 이런 생각과 행동이 위험한 이유는 사고와 행동의 패턴을 뇌가 기억하기 때문입니다. 보다 정확하게 표현하면, 감정 조절 중추인 전전두엽의 뇌세포가 이를 학습할 기회를 갖지 못해서 이후의 삶에서도 감정을 조절하는 기능이 떨어질 가능성이 높다는 말입니다.

감정을 조절하고 통제하는 능력은 길러지는 것입니다. 중요한 점은 이러한 능력을 기르고 교육하는 데 적절하고도 효과적인 시기가 있다는 것입니다. 이것이 바로 결정적 시기입니다. 결정적 시기를 놓친 뇌의 발달 영역은 불행하게도 회복하기가 어렵습니다. 감정을 조절하고 통제하는 능력은 가장 늦게 발달하는 전전두엽에서 관장하는 것이기 때문에 어떻게 보면 가장 감정적인 변화가 심한 사춘기 때가 역설적으로 감정을 조절하고 통제하는 연습을 해볼 결정적 시기라고도 말할 수 있겠습니다.

당장 눈앞의 달콤한 유혹에 쉽게 굴복하고 감정에 따라 행동하는 것이 반복되면 만족 지연 능력은 길러질 수 없고 절제력도 형성되기 어렵습니다. 가령 게임이 너무 재미있어서 멈추지 않고 계속하게 된다면 게임 중독으로 이어지고, 지루하고 재미없는 공부를 할 때마다

5분도 안돼 책을 덮어버리고 말겠죠. 그러면 학습 능력은 문제가 생기게 될 것이고 결국 학습 부진이 되는 악순환이 반복될 것입니다.

그런데 감정 절제 능력의 결핍으로 인해 나타나는 문제는 청소년 기보다 성인이 되었을 때 더욱 심각한 결과를 초래합니다. 사회생활을 하면서 수없이 부딪히게 되는 대인관계 문제에서 화가 난다고 사람들에게 분노를 마구 표출한다면 어떻게 되겠어요. 직장이 마음에 안 든다고 바로 사직서를 던져버린다면 또 어떻고요. 결혼한 배우자가 마음에 들지 않는 행동을 했다고 해서 폭언과 폭력을 휘두른다면 어떤 일이 벌어질까요?

절제력 결핍 장애

최근 들어 청소년들에게서 발견되는 문제 행동 중 절제력 결핍 장애Discipline Deficit Disorde가 있습니다. 말 그대로 사람 사이에서 혹은 사회에서 필요로 하는 규칙을 지키고 절제하는 능력이 결핍된 문제 행동을 말하는 것입니다.

절제력 결핍 장애는 문명과 매체가 지나치게 발달, 보급되면서 청소년들에게 발생한 마음의 질병입니다. 즉각적인 반응, 화려한 색과 빠른 속도의 텔레비전, DVD, 스마트폰 등을 어릴 때부터 손에서 떨어뜨리지 않고 성장한 아이들은 조금이라도 지루하고 심심한 상태를 견디지 못합니다. 이런 경향은 주로 아들들에게 나타납니다. 아들의 경우 시각적인 자극에 쉽게 매료되고 집중하는 시각피질이 발달하기 때문입니다. 절제력 결핍 장애로 나타나는 증상은 다음과 같습니다.

첫째, 주의를 집중하지 못하고 산만합니다. 책 읽기, 글쓰기 등 무언가를 참고 해야 한다거나 지루함을 느끼는 일을 할 때 집중을 하지 못하고 엉덩이가 들썩거리는 것이죠. 이러한 증상 때문에 주의력결핍 과잉행동장애라고 보기도 하지만, 절제력 결핍 장애는 그보다는 긴 주의 집중 시간을 보인다는 것이 다릅니다.

둘째, 자기중심적인 사고를 하기 때문에 타인에 대한 존중과 배려가 없습니다. 어릴 때부터 자신이 하고 싶은 대로 행동하고, 자신이 원하는 것에 대해서 타인에게 거리낌 없이 요구하며 자신은 충분히 그래도 된다고 생각하는 경향이 강합니다. 자신의 요구가 상당히 비현실적이라고 해도 이루어질 수 있다는 기대가 크며 자신에 대한 특권 의식을 가지고 있고, 타인의 입장에 대한 공감을 하지 못하며 어른에게도 무례하게 행동하는 경우가 많습니다.

셋째, 지나치게 성급합니다. 만족 지연 능력이 매우 떨어지기 때문에 즉각적인 만족이 이루어지지 않는 것에 대해서 참지 못하며 원하는 것을 손에 넣지 못하면 견딜 수 없어 합니다.

절제력 결핍 장애는 학습에서만 문제가 되는 것이 아니에요. 어쩌면 더 큰 문제가 되는 것이 바로 사회생활과 인간관계에서 나타난다고 볼 수 있는데요. 많은 사람들과 어울려 살다 보면 때로는 끓어오르는 감정을 참아야 하는 경우도 있고, 때로는 실망감과 좌절감을 겪기도 하잖아요. 이처럼 예상치 못한 부정적인 상황을 이겨내는 힘이 감정 조절 능력, 절제력인데 이 부분이 취약해지게 되는 것입니다.

반항에 맞서는 법

사춘기 아들의 대표적인 특징 중 하나가 부모에게 예전처럼 순응하지 않으려고 한다는 것인데요. 그 정도가 지나칠 때 적대적 반항 장애Oppositional Defiant Disorder를 의심해볼 필요가 있습니다.

온순한 아들이 예전과 달리 부모의 지시나 말에 따르지 않을 때 흔히 부모들은 '아이고, 우리 아들이 사춘기가 시작됐구나'라고 생각할 수 있습니다. 그런데 반항은 단순히 말을 안 듣기보다는 이전에 따르던 규칙이나 지시를 말과 행동 등을 통해 적극적으로 거부하는 것을 의미합니다. 반항 행동의 예를 들면 부모가 지시했을 때 욕이나 괴성을 지르면서 거부하기, 물건 던지기, 부수기 등이거든요. 이와 같은 반항, 어른에 대한 도전적인 대응, 잦은 짜증과 과도한 분노, 규칙을 자주 어기는 행동, 자신의 명백한 잘못을 인정하지 않는 태도, 자신의 실수에 대한 지나친 핑계, 어른의 말에 토 달기 등이 6개월 이상 지속될 때 적대적 반항 장애라고 진단합니다.

절제력 결핍 장애와 마찬가지로 적대적 반항 장애의 더 심각한 문제는 어른이 되면서 나타납니다. 적대적 반항 장애를 겪었던 아들은 남들보다 이른 시기에 술, 담배, 도박, 온라인 게임 등에 중독되기 쉽고 주변 사람들과 다툼을 많이 하며 원만한 대인관계를 형성하기 어렵습니다. 이렇다 보니 사회생활을 하는 것이 어렵고 때로 불가능하기까지 하죠.

적대적 반항 장애가 발생하는 이유는 대부분의 아들이 자신의 감정을 적절하게 표현해내는 데 서툴기 때문입니다. 급격한 스트레스를 겪을 때 이에 대한 반응 행동으로 반항을 하게 돼죠. 그런데 아들의 기질이 예민하고 수면, 식사 등의 생활 습관이 불규칙하며 지나치게 충동적인 경우라면 스트레스를 더욱 크게 느끼고 반항할 수 있습니다. 이럴 때 부모가 이유는 알아보지도 않은 채 화를 내고 억압적으로 체벌하려고 한다면 반항 행동의 수준이 심각해질 가능성이 높습니다. 또 다른 이유로는 전전두엽의 미성숙이나 이상을 들 수 있습니다. 전전두엽은 감정을 조절하고 통제하는 기능을 담당하는데요. 사춘기 아들은 발달 특징상 전전두엽이 또래 여자 아이들보다 미성숙하고 문제가 생겼을 때 자신의 충동과 감정을 억제하고 절제하는 능력이 떨어지기 때문입니다.

마음의 병 치유하기

절제력 결핍 장애, 적대적 반항 장애는 감정 조절에 문제가 발생하여 나타난 마음의 질병이에요. 눈에 넣어도 아프지 않을 것 같았던 아들이 문제를 일으키고 반항하는 모습을 지켜보면서 부모는 좌절하게 되죠. 앞으로 사회생활이나 제대로 할 수 있을까, 이러다가 완전

히 실패한 인생이 되면 어쩌나 하는 극도의 불안과 두려움까지도 느낄 수 있습니다.

감정 조절 문제를 겪고 있는 아들에게 필요한 기본적인 양육 원칙을 소개하면 다음과 같습니다. 첫째, 아들의 상태를 정확하게 이해하는 것이 중요해요. 아들이 충동적으로 행동하고 감정을 통제하지 못하며 어른들의 말을 듣지 않을 때 부모만 속상하고 힘든 것이 아니라 아들도 상처를 받고 힘들어합니다. 중요한 점은 아들이 감정을 조절하고 대들지 않으려 해도 마음대로 안 되는 상태임을 이해해주는 것입니다. 전전두엽의 기능이 미성숙하다면 감정을 조절하는 것이 중요하다는 생각 자체를 하지 못하기 때문에 감정을 조절하는 행동을 실행으로 옮기기가 어렵거든요. 그렇다고 해서 아들을 무조건 측은하게 여기고 받아들이라는 의미가 아니라 객관적으로 아들의 상태를 이해할 때 문제가 되는 행동을 교정하고 도움이 되는 양육 방법과 태도를 모색할 수 있다는 말입니다.

둘째, 문제 행동을 교정하기 위한 규칙을 만들고 실행해야 해요. 우선 아들에게 문제가 되는 행동이 무엇이며 어떤 행동을 삼가야 하는지 구체적으로 알려주세요. 어른에게 말대답하고 대들기, 물건을 던지기, 부수기, 욕하기 등등을 정하고, 이러한 행동을 보였을 때 어떤 벌을 받게 되는지도 구체적으로 정해야 합니다.

반대로 문제 행동을 일으키지 않으려고 애썼을 때 얻게 되는 긍정적인 보상에 대해서도 구체적으로 정하는 것이 좋아요. 잘 지켰을 경우 보상뿐만 아니라 충분한 칭찬도 함께 주도록 하세요.

셋째, 부모의 일관적인 태도가 중요합니다. 부모님이 나를 사랑하고 있다는 느낌을 받을 수 있도록 평소에 애정이 담긴 말과 행동을 보여주는 것이 좋습니다. 아들이 거부하는 모습을 보이더라도 그만두지 않고 일관적으로 사랑을 느낄 수 있도록 노력해야 해요. 그렇다고 해서 규칙을 어겼을 때마저 눈감아 주어서는 안 됩니다. 진정한 사랑은 아들을 망치는 부정적인 행동에 대해서는 단호하게 대처할 줄 아는 것입니다.

적대적 반항 장애 진단 방법

사춘기 아들의 행동이 흔히 나타날 수 있는 반항에 비해 지나친 것 같다는 생각이 든다면, 한번쯤 점검해볼 필요가 있다. 다음 질문에서 나타나는 행동들이 6개월 이상 지속되었는지 떠올리면서 답해보자.

1. 우리 아들은 짜증과 화를 자주 낸다.
① 매우 그렇다 ② 가끔 그렇다 ③ 그렇지 않다

2. 우리 아들은 주변 어른들에게 대들고 말대꾸를 한다.
① 매우 그렇다 ② 가끔 그렇다 ③ 그렇지 않다

3. 우리 아들은 부모, 선생님의 말씀에 성질을 부리고 반항한다.
① 매우 그렇다 ② 가끔 그렇다 ③ 그렇지 않다

4. 우리 아들은 당연하게 지켜오던 규칙을 무시하고 거부한다.
① 매우 그렇다 ② 가끔 그렇다 ③ 그렇지 않다

5. 우리 아들은 자신의 잘못이나 실수를 인정하지 않고 핑계를 댄다.
① 매우 그렇다 ② 가끔 그렇다 ③ 그렇지 않다

6. 우리 아들은 주변 사람들에게 적대적인 감정을 드러낸다.
① 매우 그렇다 ② 가끔 그렇다 ③ 그렇지 않다

7. 우리 아들은 의도적으로 다른 사람을 괴롭히려고 한다.
① 매우 그렇다 ② 가끔 그렇다 ③ 그렇지 않다

8. 우리 아들은 자신이 잘못을 해놓고도 당당한 모습을 보인다.
① 매우 그렇다 ② 가끔 그렇다 ③ 그렇지 않다

채점 방법
① 매우 그렇지 않다 / 3점, ② 가끔 그렇다 / 2점, ③ 그렇지 않다 / 1점으로 채점

결과 보기
• 총점 17점 이상
적대적 반항 장애의 가능성이 높으므로 전문가의 도움을 받도록 한다.

• 총점 10~16점
낮은 수준의 반항 장애다. 부모의 특별한 노력과 관심이 필요하다.

• 총점 9점 이하
정상적으로 수준이라고 볼 수 있으나 사춘기를 건강하게 지낼 수 있도록 지속적인 부모의 관심이 필요하다.

공감하는 남자로 키우기

마시멜로 실험 이야기로 다시 돌아가보겠습니다. 마시멜로를 먹지 않고 끝까지 참은 아이들은 만족 지연 능력이 높으며 미래에 성공할 확률이 훨씬 높다는 월터 미셸 박사의 연구 결과가 발표되었을 때많은 부모들의 희비가 엇갈렸습니다. 자녀의 만족 지연 능력을 알아보기 위해 부모들은 자녀에게 마시멜로 실험을 실시하기도 했는데 이때 끝까지 참지 못한 아이들의 부모는 엄청난 불안을 느낀 것이죠. 만족 지연 능력, 감정 조절 능력이 부족한 우리 아이는 앞으로 어떻게 해야 하나, 부족한 능력을 보완해주고 키워줄 수는 없나 등등으로 발을 굴렀습니다.

사실 이런 불안과 두려움은 모든 부모에게 해당될 것이라고 생각해요. 만족 지연 능력, 감정 조절 능력이야말로 지능지수보다 더 확실하게 자녀의 성공과 행복에 영향을 미칠 수 있다고 하는데 관심을 안 보일 부모가 어디 있겠어요. 게다가 딸에 비해 테스토스테론의 영향으로 공격성과 폭력성에 휩싸인 아들을 위해서는 감정 조절 능력을 키워줄 수 있는 방법이야말로 필수적으로 알아야 할 내용으로 느껴졌을 것입니다.

단기적인 목표를 세워라

사춘기 아들에게 효과적인 감정 조절 방법은 어떤 게 있을까요? 마시멜로 실험을 통해 의미 있는 방법을 모색해볼 수 있겠는데요. 월터 미셸 박사는 1980년 후반에 아이들이 가지고 있는 만족 지연 능력에 도움이 될 만한 환경적 조건은 무엇인지를 알아내기 위해 후속 연구를 실시했습니다. 이를 위해 처음 실시한 마시멜로 실험에 작은 변화를 주었는데요. 바로 아이들 앞에 내놓은 마시멜로 접시에 뚜껑을 덮는 것이었습니다. 아이들이 유혹의 대상을 보지 않을 때 어떻게 달라지는지 알아보기 위함이었죠. 결과는 놀라웠습니다.

마시멜로가 놓인 접시를 그대로 보여주면서 기다리라고 했던 시간보다 마시멜로를 보지 않고 기다린 시간은 무려 두 배나 길었던 것이죠. 월터 미셸 박사는 맨 처음 마시멜로 실험을 실시했을 때 잘 참고 기다리는 아이들의 모습에 주목했습니다. 아이들은 기다리는 동안 마시멜로의 유혹을 이기기 위하여 일부러 시선을 다른 곳에 두거나 눈을 감고 있거나 심지어 머리카락으로 자신의 눈을 덮어버리기까지 했습니다. 이에 착안한 미셸 박사는 유혹의 대상이 직접적으로 보이지 않을 때 아이들의 만족 지연 능력에 영향을 미치는지 알아본 것이었어요.

미셸 박사는 추가로 또 다른 실험을 실시했는데요. 바로 '기다리기 생각 전략'을 제공하는 것이었습니다. 아이들을 세 집단으로 나누어 기다리는 동안 무엇을 할지를 알려주었습니다. 첫째 집단에게는 아무런 말도 해주지 않고 내버려두었고 둘째 집단에게는 재미있는 일, 즐거운 일 등을 생각하면서 기다리도록 했습니다. 마지막 집단의 아이들에게는 끝까지 참아내면 받게 될 두 개의 마시멜로를 생각하면서 기다리도록 했습니다.

첫 번째 집단은 1960년대 실시했던 아이들의 결과와 비슷한 6분 정도로 나타났으며, 마시멜로를 보지 않고 기다리게 할 때 조금 더 오래 기다리는 것으로 나타났습니다. 두 번째 집단의 아이들은 마시멜로를 보여주거나 보여주지 않거나 상관없이 평균 13분 정도를 기다렸습니다. 세 번째 집단의 아이들은 마시멜로를 보여주었을 때 평균 4분 정도를 기다렸고, 마시멜로를 보여주지 않았을 때는 오히려 더 짧은 2분 정도를 기다리는 것으로 나타났습니다.

1960년대 실시했던 마시멜로 실험에서 만족 지연 능력이 가장 높은 아이들의 공통점은 잘 참고 기다리는 자신만의 전략이 있었습니다. 혼잣말하기, 노래 부르기, 자신이 아는 방법으로 놀기 등으로 정서를 조절하며 시간을 보내는 전략을 사용한 것인데요. 흔히 어른들은 아이들에게 놀고 싶은 마음을 참으라고 가르칠 때 앞으로 다가올 미래를 떠올리라고 하잖아요. 그러나 전두엽의 발달이 이루어지지 않은 청소년기에는 미래를 계획하거나 설계하는 것은 사실 무리에요. 앞으로 누리게 될 보상 즉 어른이 되면 하고 싶은 것을 맘껏 할 수 있으니 조금만 참으라고 하는 것이 조금 더 효과적입니다.

다시 말해 사춘기 아들에게 앞으로 누리게 될 이성 친구와의 교제, 친구들과 미성년자 출입 제한 공간 드나들기, 부모님 눈치 보지 않고 놀기 등등을 생각하면서 지금 책상에 앉아서 공부하라고 하는 것은 오히려 감정 조절 능력을 떨어뜨릴 수 있어요. 사춘기 아들은 당장 눈앞에 벌어지고 있는 자극에 훨씬 매력을 느끼고 온통 마음을 빼앗기는 뇌를 가지고 있기 때문입니다. 그러므로 아들이 지금 당장 해야 할 일을 함으로써 얻게 되는 바로 눈앞의 보상을 정하는 것이 더 효과적입니다.

우선 아들이 쉽게 도달할 수 있는 목표를 세워보세요. 예컨대 공부할 분량을 일주일 단위로 나누기, 주말 동안 집안일 돕기, 일주일 동안 집에서 욕 안하기 등등. 다음으로 해야 할 일은 목표를 달성했을 때 아들이 받게 되는 보상을 명확하게 정하는 것이겠죠. 이때 아들과 상의하여 아들이 원하는 것을 선택하도록 하세요. 설정한 목표에 비해서 과도한 보상이 되지 않도록 조절해야 합니다. 그리고 목표에 도달하지 못했을 경우는 벌을 주기보다 책임져야 할 임무를 가볍게 세우도록 하는 편이 좋습니다. 단기적이고 단발적인 목표 설정과 이에 대한 달성과 성취를 할 수 있도록 계획을 세우고 보상을 받도록 유도하는 결과가 쌓인다면 감정 조절 능력은 자연스럽게 발달할 테니까요.

좋은 어른의 모습을 보여줄 것

런던 대학교의 세이어M. Shayer 교수와 아데이P. Adey 교수는 20년 전부터 현재까지 영국의 아동과 청소년의 인지 능력을 비교하는 연구를 실시하고 있습니다. 이 연구에서 비교한 여러 다양한 능력 중 주목할 점은 문제 해결력과 주의 집중력, 절제력인데요. 놀랍게도 현재 시점의 아동과 청소년들이 과거 모든 시대의 아동과 청소년에 비해서 모든 능력이 떨어진다는 결과가 나타났습니다. 특히 현재 아동과 청소년의 문제 해결력은 과거 15년 전, 20년 전 아동과 청소년의 점수에 반도 못 미쳤습니다.

충격적인 결과를 접하고 그 원인을 파악하기 위해 영국의 최고 권위자들과 전문가들이 모여 분석한 결과 인스턴트 음식과 같은 정크 푸드, 학교의 경쟁적인 환경과 평가 방법, 텔레비전과 인터넷 게임, 청소년에게 어른처럼 입고 쓰고 행동하도록 부추기는 마케팅이 대표적인 원인으로 나타났습니다.

이러한 현상은 우리나라도 별반 다르지 않습니다. 엄청난 정보를 제공받고 있음에도 불구하고 현재의 청소년들은 과거에 비해 여러 능력과 교양 수준이 낮은 편이거든요. 그 원인 역시 영국과 같은 결과일 가능성이 높습니다. 이러한 원인 중 일부를 제거하는 것만으로 아들의 감정 조절 능력을 높이는 데 도움이 될 것입니다.

사춘기 아들의 감정 조절 능력을 높이는 데 도움이 되는 것이 무엇인지에 대해서 생각해볼 수 있는 또 다른 연구도 있습니다. 미국 록펠러 대학교의 키드C. Kidd 박사팀은 마시멜로 실험에서 아이들이 오래 기다리는 데 영향을 미치는 요인으로 어떤 어른이 기다리도록 하는가에 있다고 가정했습니다. 즉, 믿을 만한 어른인가 그렇지 않은가에 따라 기다리는 시간이 달라질 것이라고 생각한 것이었죠. 결과는 예상대로 나타났습니다. 이 실험에서는 마시멜로 실험에서 지시하기로 정해져 있는 어른들과 아이들이 실험 전에 미리 만나 미술 작업을 하였는데요. 미술 작업 중에 한 명의 어른은 아이들에게 미술 재료를 주겠다는 약속을 지켰고, 다른 한 명은 지키지 않았습니다. 그다음에 이어진 마시멜로 실험에서 약속을 지킨 어른이 기다리라고 했을 때 3분의 2 정도의 아이들이 끝까지 기다렸습니다. 반면 약속을 지키지 않은 어른이 기다리라고 했을 때 아이들이 참고 기다린 시간은 평균 3분 정도였습니다.

이 연구 결과가 의미하는 것은 아들의 감정 조절 능력의 기반은 감정 조절 능력의 롤모델이 되는 어른에 있다는 것이고 그러한 어른이 곁에 있어서 어른의 행동을 관찰하는 것만으로도 아들에게는 교육적 환경이 된다는 점을 시사합니다.

· SUMMARY ·

- 사춘기 아들의 뇌는 감정을 조절하고 통제하는 전전두엽의 발달이 진행 중인 상태이기는 하지만, 감정 조절 능력이 행복과 성공의 핵심적인 요소임을 기억하면서 지도하도록 한다.
- 감정 조절 능력이 현저히 떨어지고 결핍되었을 때 절제력 결핍 장애, 적대적 반항 장애 등이 발생할 수 있는데, 아들의 건강한 미래를 위해 반드시 교정하도록 해야 한다.
- 사춘기 아들의 감정 조절 능력에 방해가 되는 요소들을 차단하여 건강한 청년으로 성장할 수 있도록 도와야 한다.

풍랑을 넘어
건강한 청년으로 가는 길

인간에 대한 놀라운 통찰력으로 심리적인 발달 단계를 만든 심리
학자 에릭 에릭슨의 이론에 따르면, 사춘기 아들은 지금 자신이 누구
인지 고민하고 찾는 정체감 형성 시기에 있습니다. 아들이 어릴 때는
자신이 누구인지 고민할 필요가 없었습니다. 부모가 정해 주는 대로
따르는 것만으로 충분했죠. 그런데 몸이 어른만큼 커지고 이제 더 이
상 어린 상태로 살 수 없다는 것을 느끼면서 '그렇다면 나는 뭐지? 나
는 누구지?'라는 질문에 해답을 찾기 위해 혼돈의 시간을 갖게 되는데
요. 사실 이런 과정은 비단 아들뿐 아니라 인간이라면 누구나 거쳐야
하는 발달 과정 중 하나입니다.

과학기술이 발달하고 뇌를 연구하게 되면서 이런 발달 과정에 대
해서 논리적이고 과학적인 설명이 가능해졌는데요. 신체가 급격히

커지는 사춘기 시절 동안 아들은 몸뿐만 아니라 뇌 역시 성장하게 되며, 이 속에서 심리적인 균형을 맞추는 데 최소 2년에서 길게는 5년 정도의 시간이 소요된다고 합니다. 소위 이 기간을 사춘기라고 부르는 것이고요.

사춘기 동안 아들의 뇌에서 일어나는 변화는 극도의 긴장감을 주는 한 편의 영화와 같습니다. 전두엽 상부에서 담당하는 인지적 추론 능력과 추상적 개념을 이해하는 능력이 빠른 속도로 발달하게 되며 이때 아들은 현실이 너무 거대하게 느껴지고 자신의 존재가 하찮다고 생각할 수 있습니다. 그래서 '이 거대한 세상에서 과연 나 같은 애가 무엇을 할 수 있을까? 내가 제대로 살 수는 있을까?'와 같은 불안감을 가질 수 있습니다. 그렇다면 사춘기의 풍랑 속에 있는 아들을 건강한 청년으로 성장하기 위해서 필요한 것은 무엇일까요? 하나씩 살펴보기로 합시다.

무엇을 먹일 것인가

"내가 먹는 것이 바로 나다."

프랑스의 법관이자 미식가인 장 앙텔므 브리야 사바랭Jean Anthelme Brillat-Savarin이 한 말입니다. 내 입에 들어가는 모든 음식은 나에게 영향을 미치고 내 몸을 구성하고 유지하는 데 사용되잖아요. 그래서 건강에 좋은 음식이 내 몸에 들어오면 나에게 좋은 영향을 미칠 것이고, 나쁜 음식이 들어온다면 그 반대의 결과가 나타난다는 것을 압축해서 한 말입니다.

중고등학생들이 많이 다니는 학교, 학원 근처에서 파는 음식들을 보면 대체로 인스턴트 음식, 패스트푸드, 소스가 잔뜩 묻어 있는 각종 군것질거리입니다. 먹고 뒤돌아서면 배가 고플 만큼 기초 대사량과 소화력이 상당한 사춘기 아들은 이런 음식에 열광하는데요. 장 앙텔므 브리야 사바랭의 말을 떠올려보세요. 이런 음식들이 아들에게 직접적인 영향을 미친다고 생각하면 부모로서 불안하고 염려가 될 것입니다.

아들이 열광하는 음식들 대부분에는 화학조미료가 상당히 포함되어 있습니다. 화학조미료가 우리 몸에 어떤 영향을 끼치는지 워싱턴대학교의 올니Olney 박사가 실험을 해봤습니다. 화학조미료가 들어 있는 음식을 어린 쥐에게 지속적으로 먹이자 뇌세포가 손상되는 것을 발견했어요. 또한 아이들에게 인기 있는 탄산음료와 과자 등의 음식을 계속 먹이자 새끼 쥐의 시각피질에도 문제가 생겼죠.

더 큰 문제는 화학조미료가 든 음식은 중독성이 강하다는 것입니다. 중독성 있는 게임, 스마트폰 등과 마찬가지로 화학조미료에 중독되면 안와 전두엽을 자극하게 되는데 안와 전두엽을 지속적으로 자극하여 뇌세포가 손상되면 현실적인 판단 능력이나 감정 조절, 주의 집중력에 문제가 발생합니다. 아들이 좋아하는 음식 중에 달콤한 간식들도 문제가 많습니다. 초콜릿, 사탕, 음료수 등과 같은 간식에는 설탕이 다량 포함되어 있는데, 계속해서 먹게 되면 집중력 저하와 난

폭함을 가중시키게 되거든요.

설탕과 같은 단순 포도당은 먹자마자 기분이 좋아지고 에너지도 생기는 것 같지만, 빠른 속도로 효과가 사라지고 사소한 자극에도 흥분하게 만듭니다. 또한 과도한 설탕 섭취는 온몸의 칼슘을 빠져나가게 만드는 무시무시한 적입니다. 칼슘은 집중력을 높이고 온화한 정서 상태를 유지하게 하는 주요한 역할을 하므로 칼슘 결핍은 공격성과 난폭성을 유발하게 됩니다.

실제로 이를 입증한 사례가 있어요. 영국에 위치한 친햄파크 초등학교는 학생들의 학업 성취가 최하위 수준이었으며 학생들의 비행, 문제 행동의 비율이 상당히 높은 학교였습니다. 이런 친햄파크 초등학교가 1년 만에 학생들의 성적을 네 배 향상시킴과 동시에 학생들의 문제 행동 비율도 줄어들게 만들었는데, 변화에 영향을 미친 요인은 단 한 가지 '두뇌 음식'으로 급식을 바꿨다는 것이었습니다. 햄버거, 피자, 탄산음료 등으로 구성되어 있던 학교 급식을 채소, 과일 등의 제철음식과 현미, 단백질 등으로 바꾸면서 나타난 결과였죠. 어떤 음식을 먹느냐에 따라 아이들은 이렇게 180도 달라질 수 있습니다.

이미 아들이 화학조미료와 설탕에 익숙해져 있다고 포기해서는 절대 안 됩니다. 화학조미료와 설탕이 아들의 뇌를 지배하도록 내버려두지 마세요. 길들여진 입맛을 바꾸기 위해서는 상당한 노력과 시간이 필요하겠지만, 우리 아들이 먹는 음식이 바로 아들 그 자체가 된다는 생각으로 도와줘야 합니다. 물론 집을 벗어난 곳에서까지 아들의 먹거리를 통제하는 것은 불가능한데요. 중요한 것은 아들이 화학조미료와 설탕이 자신의 뇌에 어떤 영향을 미치는지에 대해서 알고, 가족들과 있을 때라도 자신의 뇌와 건강에 도움이 되는 음식을 먹을 수 있도록 지도하는 것입니다.

과감하게 불을 끄자

우리나라 청소년들을 보면 참으로 안쓰럽습니다. 세계 여러 나라 청소년들의 수면시간을 비교해보면 확연한 차이가 나타나는데요. 미국과 영국의 경우 평균 8시간 40분 정도의 수면을 취하지만, 우리나라 청소년들은 평균 7시간 정도 잠을 자는 것으로 나타났습니다. OECD 국가 지표에서도 보면 우리나라 청소년들은 수면 시간이 가장 짧은 반면 학습량은 가장 많다고 합니다. 그래서인지 학업 성취 수준은 상당히 높은 것으로 나타났으나, 청소년의 40%가 우울증으로 고통받으며 정신건강에 문제가 있다고 합니다. 특히 사춘기에 있는 아들은 딸에 비해 우울증이 자살로 이어지는 비율도 높은 것으로 나타났습니다.

해가 지고 밤이 깊어지면 시상하부 안쪽에 있는 송과체에서 멜라토닌이라는 호르몬이 방출됩니다. 멜라토닌은 잠을 푹 자게 만드는 작용을 할 뿐만 아니라 다음 날 집중력과 학습 능력을 높이는 데 지대한 공헌을 하는데요. 멜라토닌은 상당히 까다로운 특성을 가지고 있어서 밤 10시부터 2시 사이에 주변 환경이 어둡고 조용할 때만 분비되는 것으로 알려져 있습니다. 너무 늦게 잠들어서 멜라토닌이 방출되는 시간을 놓쳐버렸다면 다음 날 잠을 자지 않은 것처럼 몽롱하고 집중력이 떨어지며 정서적으로 불안정해집니다.

그런데 어찌된 일인지 사춘기가 되면 멜라토닌이 분비되는 시간이 2시간 정도 뒤로 늦춰지는데요. 그래서 다른 가족들이 잠든 시간에도 사춘기 아들은 초롱초롱한 눈으로 밤 시간을 즐기고 있을 때가 많습니다. 멜라토닌이 분비되는 시간 동안 잠을 자면 좋으련만 더 늦은 시간이 되어서야 잠자리에 들고는 아침에 눈도 못 뜬 상태로 학교에 가게 되는 경우가 종종 생기게 되죠.

수면 부족은 사춘기 아들에게 어떤 영향을 줄까요? 이스라엘 텔아비브 대학교의 아비 사데Avi Sadeh 박사는 청소년을 대상으로 수면이 성적에 미치는 영향을 연구했습니다. 실험에 참여한 청소년들을 절반으로 나누어 한 집단은 1시간을 일찍 자게 하고, 나머지 집단은 1시간을 늦게 자도록 했습니다. 그렇게 며칠 동안 계속 같은 수면 패턴을 유지한 후 학생들의 능력을 측정해보았더니 잠을 충분히 잔 집단은 수면 부족의 집단보다 기억력, 수학 문제 해결 능력 점수가 월등히 높은 것으로 나타났습니다. 이와 같은 결과는 너무도 쉽게 찾아볼 수 있는데요. 수면 부족이 사춘기 아들에게 미치는 더욱 심각한 영향은 정서에 있습니다. 가뜩이나 공격성과 난폭성의 호르몬이 가득한 사춘기 아들의 뇌가 수면 부족까지 겪으면서 감정은 더욱 예민해지고 기복이 심해지다가 우울증으로 이어지기도 합니다.

최근에 알게 된 고등학생은 상당한 모범생으로 성적도 우수한 학생이었습니다. 그런데 성적 유지에 대한 압박으로 잠을 설치는 일이 많아졌는데, 불안감은 더욱 커지고 울컥하는 마음도 자주 든다는 이야기를 했습니다. 이에 대한 해결 방법으로 일주일 정도 수면 시간을 2시간 정도 늘려보라고 이야기하고 숙면에 도움이 되는 이완 방법을 알려주었거든요. 2주일 정도 지난 뒤 학생의 얼굴은 한결 밝아졌습니다. 처음에는 잠을 더 자는 것에 죄책감을 느꼈는데 오히려 잠을 푹 잔 다음 날 머리도 개운하고 집중도 잘되고 마음도 편해졌다는 것입니다.

'잠을 자고 있는 사이 네 친구의 책장은 넘어가고 있다'는 말로 아들의 불안감을 조성하는 것이 이득일까요? 아니면 세상 모를 정도의 숙면을 취하고 맑은 정신으로 공부하는 것이 이득일까요?

체육 시간을 사수하라

사춘기 아들에게 조금이라도 시간의 여유가 생긴다면 무엇을 할까요? 아마 컴퓨터 게임하기, 부족한 잠자기, 휴대폰 들여다보기, 텔레비전 보기 중 하나일 것인데요. 청소년들은 대학에 들어가기 위해 공부에 많은 시간을 들이고 있고, 입시와 관련된 교육과정으로의 전환으로 인해 주당 체육 시간이 줄어들어 운동장을 뛸 시간도 없어지고 있는 게 현실입니다.

운동 결핍의 수준이 심해지는 경향과 정확하게 일치하여 나타나는 현상이 있는데 청소년의 비만 비율과 학교 폭력을 비롯한 폭력 사건의 증가입니다. 특히 이런 현상은 사춘기 아들에게 더욱 명확하게 나타납니다.

좌식 생활 습관과 체육 시간의 축소 등으로 몸을 움직이고 땀을 흘릴 기회가 점점 사라지는 데다가 영양분은 부족하고 열량이 넘치는 패스트푸드, 인스턴트 음식을 섭취하면서 아이들의 과체중, 비만 비율이 높아졌습니다. 또한 운동은 기분과 감정을 긍정적인 상태로 만드는 신경전달물질인 도파민을 방출하는 기능이 있는데, 몸을 움직일 기회가 사라지면서 유쾌한 기분도 느끼기 어려워집니다.

청소년 상담 전문가인 데이비드 월시 박사에 따르면 신체활동을 하지 않는 청소년, 특히 남학생들은 공격성이나 폭력성 행동 가능성이 높아진다고 하는데요. 사춘기 아들에게 운동은 신체, 공부, 감정에 모두 도움을 준다는 것을 기억하세요. 운동을 통해 근육을 강화해야 에너지가 생기고 지구력이 만들어집니다. 이것은 모두 활력 있는 삶을 살아가는 데 필수적인 요소입니다.

운동은 사춘기 아들의 뇌처럼 격정적 감정의 상태를 잠재우는 데도 탁월합니다. 운동을 하게 되면 열정과 에너지를 갖게 하는 도파민, 감정과 기분을 안정되게 하는 세로토닌, 기분을 좋게 만들고 집중력을 높이는 노르에피네프린이라는 삼총사가 분비됩니다. 땀이 뻘뻘 나도록 운동을 하고 나면 상쾌하고 긍정적인 기분이 드는 것이 이 때문입니다. 실제로 캘리포니아 대학교의 칼 코트먼Carl Cotman 박사는 운동이 우울증과 같은 기분 장애뿐만 아니라 폭력 행동, 문제 행동 아이들의 교정에 탁월한 효과를 보인다고 주장했습니다.

그렇다면 사춘기 아들의 뇌에 도움이 되는 운동은 무엇일까요? 아들의 성향에 따라 선택의 차이가 있습니다. 만약 운동을 해보지 않았고 재미를 모른다면, 탁구, 배드민턴, 테니스, 농구, 축구 등 승부를 낼 만한 종목이 효과가 있을 것입니다. 만약 아들의 성향이 공격적이고 활동적이라면 마라톤, 크로스컨트리, 조정, 라켓볼처럼 다른 사람과 접촉이 거의 없어서 공격 행동을 드러낼 가능성이 없는 격한 운동이 도움이 될지도 모르죠. 운동을 한다고 해서 반드시 경기 종목을 선택할 필요는 없습니다. 시간 여유가 있을 때 산책을 하는 것도 기초체력을 키우면서 정서적인 안정감을 갖게 할 수 있습니다.

우리 아들의 수면을 방해하는 것

사춘기 아들은 수면 패턴이 뒤로 늦추어지면서 올빼미 같은 생활을 하게 된다. 아들이 깨어 있다고 해서 내내 공부만 한다고 생각하는 것은 금물이다. 공부보다 SNS를 통한 친구와의 수다, 인터넷에 빠져 있을 수 있다. 잠이 필요한 사춘기 아들의 숙면을 위해서 수면을 방해하는 것을 알아보자.

- 침실에서의 휴대폰 사용: 친구들과의 수다에 빠져 잠자는 시간을 놓치는 것이 당연하다. 휴대폰을 사용하고 2시간이 지나야 뇌는 잠을 잘 수 있는 상태가 된다.
- 아들 방에 있는 컴퓨터: 컴퓨터가 있다면 당연히 아들은 잠을 자지 않는다. 온갖 자극적인 온라인 게임을 할 수 있기 때문이다.
- 텔레비전: 늦은 시간까지 재미있는 프로그램을 시청하게 된다.
- 카페인이 들어간 음료수: 몸 안에 흡수된 카페인이 배출되는데 최소 5시간에서 최대 14시간이 걸린다. 카페인이 몸에 남아 있는 상태에서는 얕은 잠을 자면서 잠을 설치게 된다.

chapter
09

행복한 우리 아들을 위하여

아들이 좋은 성적을 받아 원하는 대학교에 가도록 도움을 주는 것도 중요하겠지만, 어떤 시련과 좌절을 겪더라도 이를 현명하게 극복하고 행복한 삶을 살 수 있도록 격려해주는 것도 중요합니다. 또한 진학, 취업, 독립, 결혼, 자녀 양육 등등 아들 앞에 놓여 있는 수많은 사건과 변화에 잘 대처하고 어떤 환경에서도 유연하게 적응할 수 있는 능력도 중요한데요. 이를 위해서 필요한 것이 바로 스트레스에 대한 대처 능력입니다. 이번 장에서는 스트레스에 효과적으로 대응할 수 있는 방안에 대해 알아보도록 하지요.

물리치자, 스트레스!

이 세상에 스트레스가 없는 삶이 과연 있을까요? 적당한 수준의 스트레스는 집중력을 향상시키고 정신에 활력을 줍니다. 다만 극도의 스트레스를 장시간 겪게 되면 정신적, 신체적으로 망가질 수 있으므로 조심해야 합니다. 아직 성장 중인 아이들의 경우 뇌가 손상되어 다시는 복구되지 않는 참상이 일어날 수도 있기 때문입니다. 가장 먼저 스트레스가 아들의 뇌에 미치는 영향에 대해서 알아보도록 하겠습니다.

첫째, 누구에게도 이야기하지 못한 고통스러운 시간이 상당히 길었다고 한다면, 기억을 하는 데 어려움을 겪을 수 있습니다. 스트레스를 느낄 경우 뇌에서는 스트레스 호르몬인 코르티솔이 분비되는데 스트레스를 받기 시작한 초기에는 별 영향이 없지만 기간이 길어질수록 코르티솔이 분비되는 양도 많아지면서 기억장치인 해마의 뇌세포를 망가뜨리게 됩니다. 그래서 스트레스를 오래 겪고 있는 사람에게 나타나는 주요 증상 중 하나가 물건을 자꾸 잃어버리고 약속을 잊거나 금방 듣고 배운 내용을 기억하지 못하는 것입니다.

둘째, 스트레스는 아들의 뇌세포 성장을 방해합니다. BDNF는 뇌세포의 성장을 촉진하고 뇌세포를 증가시키면서 뇌 발달에 기여하는 신경영양물질입니다. BDNF가 많이 생성될수록 똑똑한 뇌가 되는 건데요. 스트레스는 BDNF 생성을 억제합니다. 뇌세포 성장을 돕는 BDNF가 만들어지지 못하게 하는 것이죠. 오히려 뇌세포를 파괴시킬 수도 있습니다.

셋째, 스트레스는 신경전달물질 분비에 문제를 일으키게 되는데요. 기분을 좋게 하고 집중력을 강화시키는 도파민, 세로토닌, 아세틸콜린이라는 신경전달물질은 스트레스를 받으면 분비되지 않습니다. 그래서 집중력과 기억력이 떨어지고 화가 자주 나며 우울해지기가 쉬워요.

건강한 남자로 성장하기 위한 스트레스 극복 방법

우리 아들이 건강한 청년으로 성장하고 건강한 어른이 되기 위해서는 스트레스를 이겨낼 수 있는 튼튼한 마음 근육을 갖도록 도와주는 과정이 필요한데요. 이런 마음의 근육을 회복 탄력성이라고 부릅니다. 아들의 회복 탄력성을 높이기 위해서는 첫째, 부모의 균형이 중요합니다. 아들을 지지하는 것과 아들의 문제에 관여하는 것은 엄연히 다릅니다. "우리 아들은 아직 어리니까 부모가 도와줘도 돼"라고 생각하고 아들 앞에 놓인 걸림돌을 깨끗이 없애주려고 한다면 아들의 회복 탄력성을 키울 수 있는 기회를 뺏는 것과 같습니다.

아들에게 필요한 부모의 가장 중요한 태도와 역할은 지지와 조언입니다. 부모가 나서서 문제를 해결하려고 하는 것이 아니라 "힘들지. 그렇게 느끼는 건 당연해. 근데, 너는 그걸 꼭 이겨낼 거야"라고 격려를 해주세요. 스트레스에서 벗어날 수 있는 해결책은 아들이 스스로 생각해내도록 하고, 필요하다면 해결에 도움이 되는 전략 등을 알려주는 것이 좋습니다.

둘째, 진지하되 아들이 자주 웃을 수 있도록 하는 것입니다. 스트레스를 받고 있는 아들의 마음은 지옥 그 자체일 게 뻔하잖아요. 이때 부모가 같이 심각해진다면 아들은 더욱 부담스러워할 것입니다. 이럴 땐 아들이 좋아할 만한 유머 등을 활용해보세요. 웃을 때마다 도파민이 분비되어 쾌감을 느끼게 되고 스트레스 호르몬인 코르티솔의 분비가 줄어들게 될 것입니다.

셋째, 아들이 부모 이외에 기대고 상의할 수 있는 믿음직스럽고 지혜로운 어른 친구를 갖게 된다면 혼자서 속앓이를 하는 일이 줄어들 수 있습니다. 아들이 어릴 때부터 좋아하고 잘 따를 수 있는 어른에게 부탁하되 되도록이면 동성인 남자 어른으로 선택합니다. 아버지의 가장 가까운 친구, 삼촌, 아들의 성장 과정을 잘 알고 있는 이웃 등도 도움이 될 것입니다.

넷째, 때로는 봉사 경험이 스트레스를 이겨내는 마음의 힘을 키워줍니다. 어렵고 약한 사람을 돌보는 경험은 사춘기 아들이 겪는 스트레스에 대한 관점과 생각을 바꾸고 훨씬 담대해지고 건강한 청년으로 성장하는 데 도움이 되거든요. 자신이 누리고 있는 것들이 얼마나 소중하고 행복한지 깨닫는 기회가 될 수 있습니다.

· SUMMARY ·

• 사춘기 아들이 건강한 청소년기를 보내기 위해서는 건강에 도움이 되는 음식, 충분한 수면, 적절한 운동이라는 세 가지 요소가 반드시 필요하다.

• 사춘기 아들의 뇌를 파괴하는 요소 중 가장 심각한 것은 스트레스다. 아들이 스트레스를 해소하는 데 도움이 되는 방법을 찾아 적극적으로 안내하도록 한다.

사춘기 아들을 위한 양육 지침

✎ 사춘기 아들과 대화 준비하기

• 사춘기 아들은 이전보다 훨씬 강력하게 부모 곁을 떠나려는 행동을 보입니다. 이런 사춘기 아들의 모습을 보고 '우리 아들은 부모가 필요하지 않은가 봐'라는 생각을 절대로 해서는 안 됩니다. 아무리 강하게 보이려고 해도 사춘기 아들은 감정적으로 의지할 수 있고, 안정적인 어른을 필요로 하기 때문입니다.

• 사춘기 아들에게는 아버지의 존재가 중요합니다. 이성인 어머니에서 동성인 아버지에게 감정적인 중심이 옮겨가는 시기이기 때문인데 한부모 가정이라면 아들이 평소에 잘 따르고 지혜로운 성인 남성을 멘토로 삼는 방법도 고려해보도록 하세요.

• 사춘기 아들은 이미 자신을 어른처럼 컸다고 생각하므로 부모가 자신을 어린아이처럼 취급하는 것을 극도로 싫어해요. 그러므로 아이 다루듯 말하기보다 인격적으로 존중하는 태도를 갖고 대화하는 것이 좋습니다.

• 사춘기 아들은 부모가 나타나면 슬그머니 사라지고 자리를 피

합니다. 감정적으로 불편함을 느껴서 하는 행동이므로 자리를 피하는 아들을 쫓아다니며 옆에 앉혀두려고 하는 것은 엄마와 아들 사이의 관계를 악화시킬 수도 있음을 기억하세요.

• 사춘기 아들은 지시를 따르거나 행동으로 옮기는 데 시간이 걸립니다. 반항하려는 것이 아니라 시간이 필요한 것이니 마음의 여유를 가지고 기다려줍시다.

✎ 사춘기 아들과 좋은 관계를 유지하기 위한 몇 가지 지침

• 사춘기 아들이 가끔 어이없는 말이나 행동을 하더라도 해를 끼치는 것이 아니라면 그냥 넘어가줄 필요가 있습니다. 아들의 말과 행동을 일일이 교정해주려고 하면 아들은 입을 다물어버릴 수 있습니다. 그저 그것이 아들의 의사소통 방식일 수 있다고 편안하게 생각하는 것이 좋습니다.

• 무례한 행동, 공격적이고 폭력적인 행동에 대해서는 일관적인 제한을 두도록 합니다. 두려운 마음에 아들의 문제 행동을 그냥 넘어가면 부모로서의 권위가 상실되고, 무례한 행동의 수위는 점점 높아지게 됩니다. 단 아들의 감정이 격렬해진 상태에서는 부딪히지 말고 시간을 조금 둔 후 부모와 아들 모두 감정이 가라앉은 후에 지도하는 것이 좋습니다.

• 사춘기 아들이 부모에 대한 신뢰를 갖게 하는 데 가장 필요한 것은 일관성입니다. 한 번 정한 벌칙과 규칙이 있다면 꾸준히 지키도록 하세요.

- 사춘기 아들 앞에서 아버지에 대한 권위를 지켜주는 게 좋습니다. 집안의 규칙을 결정할 경우에도 아버지의 의견을 우선시하세요. 아버지가 지키고자 한 규칙을 어머니가 몰래 허용해주면 아버지의 권위는 사라지고 말거든요.
- '사춘기 아들은 아직도 어리고 뭘 모르기 때문에 어른이 시키는 대로 하면 된다'는 생각으로 아들을 대하면 아들은 금방 알아차리게 됩니다. 부모의 생각이 최고라는 의식을 버리고 아들에게 친근하게 다가가주세요.
- 아들이 잘못한 행동에 대한 벌은 아들이 정하도록 하되, 체벌은 사용하지 않는 게 좋습니다. 아들이라고 해서 거칠게 다뤄도 되는 존재가 아니며, 아들 역시 신이 아닌 이상 체벌에 대한 감정적인 상처를 많이 받습니다.
- 부모라고 해서 언제나 옳은 결정을 내리는 것은 아닙니다. 만약 아들에게 잘못한 일이 있고 부당함을 겪게 했다면 사과하고 그에 대해 설명해주세요. 아들은 자신이 부모에게 존중받고 있다고 생각하게 될 것입니다.

✎ 사춘기 아들과 성에 대해서 대화하기

- 사춘기 아들은 이미 신체적으로 성에 대해 눈을 뜬 상태입니다. 게다가 또래로부터 극히 제한적이고 편향된 정보를 듣게 됩니다. 아들이 사랑과 성에 대한 잘못된 생각을 갖지 않도록 부모와 자연스럽게 이야기할 수 있는 기회를 많이 만드는 것이 좋습

니다. 어머니보다는 동성인 아버지와 이야기하는 게 감정적으로 불안하지 않아 더욱 효과적입니다.

✎ 사춘기 아들에게 가르쳐야 할 사랑과 성에 대한 기본 원리

- 남성과 여성이 원하고 생각하는 방식은 확연하게 다르다는 것을 가르쳐주세요.
- 여성뿐만 아니라 남성 역시 자신의 신체를 소중히 여기고 다루어야 하며 그렇지 않았을 때 초래하게 되는 부정적인 결과에 대해서 이해시키도록 합니다.
- 여자 친구가 있고 연애를 해야 비로소 어른이 된다고 생각하는 것이 사춘기 남자 아이들이 갖고 있는 또래 문화이며 압력으로 작용하기도 합니다. 연애는 어른의 삶 중 지극히 일부분에 지나지 않는다는 점을 알려주는 것이 필요합니다.
- 사춘기 아들은 성관계 이후에 발생할 수 있는 상황, 즉 임신, 성병 등에 대해서 잘 이해하지 못하는 경우가 많습니다. 여자 친구가 임신하게 된다면 벌어질 상황에 대해서 이야기해주세요.
- 사춘기 아들이 청년으로 성장하는 과정 중에 겪게 되는 사건 중 하나는 호감을 가진 대상에게 거부당하는 것입니다. 이에 대해 수치스러워하거나 사랑에 대해 부정적인 인식을 갖지 않도록 다독여주고 아들이 이러한 경험을 잘 이겨내고 감정을 추스르는 데 도움이 되는 방법을 알려주세요. 아버지의 경험을 들려주는 것도 좋은 방법입니다.

아들 키우기 너무 힘들어요!
-사춘기 편-

Q. 중학생 아들을 둔 엄마입니다. 마냥 어린아이인 줄 알았는데, 얼마 전에 스마트폰으로 야한 동영상을 보는 것을 저에게 들켰습니다. 성인 인증이 없으면 동영상을 못 본다고 생각했었는데, 아이들 사이에서는 너무도 쉽게 접할 수 있는 방법을 공유하고 있었더군요. 믿는 도끼에 발등 찍힌 것 같은 배신감도 들었지만, 아들이 건강한 어른이 되기 위해서는 어떻게 성교육을 해야 할까에 대한 고민이 생겼습니다. 성폭행, 성착취물 유포 사건과 같이 성과 관련된 범죄가 부쩍 늘어나는 것도 걱정이 되고요. 어떻게 하면 자연스럽고 건강한 성교육을 할 수 있을까요?

A. 먼저 훌륭한 부모님이시라는 말씀부터 드리고 싶네요. 자녀, 특히 아들과 성에 관하여 이야기 나누는 것이 민망하고 어려운 일일 수 있는데, 건강한 어른이 되기 위하여 부모님께서 자녀와 성에 대한 담론과 교육하기로 마음 먹으셨다니 대단하십니다.

아들은 딸에 비해서 변연계의 시상하부가 넓고 잘 발달되어 있습니다. 시상하부는 식욕, 배설욕, 수면욕 등 인간이 느끼는 욕구와 관련이 있습니다. 당연히 성욕도 시상하부에서 발생하지요. 아들의 시상하부가 발달되었다는 말은 욕구가 그만큼 강렬하고 지속시간도 길다는 의미입니다. 그러므로 아들에게는 청소년기부터 성욕에 대한 올바른 이해와 교육이 필요합니다.

먼저 평소에 자녀와 성과 관련된 이야기를 자연스럽게 하시기를 바랍니다. 어느 날 갑자기 자녀와 성에 관해 이야기 나누려고 하면 서로 너무 불편감을 느껴서 시작도 못하고 중단할 수 있으니 처음에 어색하시더라도 드라마에서 남녀가 사랑하는 장면이나 뉴스 등 성 관련 사건을 소재로 이야기를 나누셔도 좋을 것 같습니다. 평소에 성에 대해서 쉬쉬하고 금기시한다면 아들은 성을 숨겨야 하고 은밀한 것으로 생각하게 되고 음성화될 가능성이 많다는 점을 기억해주세요. 무조건 해서는 안 되는 것이라고 강조하다 보면 더욱 호기심을 갖게 마련입니다.

또한 요즘 청소년들은 아기가 어떻게 생기는지, 피임은 어떻게 하는지 등에 대한 정보는 너무 구태의연하다고 생각합니다. 그보다는 진정한 사랑, 섹스, 그리고 성적 욕구 등에 대해서 이야기 나누는 것이 아들에게 도움이 될 것입니다. 먼저 섹스는 단순히 욕구를 해소하는 행위라기보다는 사랑하는 사람과 나눌 수 있는 표현임을 알려줘야 합니다. 상대방이 원하지 않는다면 멈추는 것이 상대방을 존중하고 배려하는 것임을 말해주는 것이지요. 남자는 시상하부가 발달되어 있기 때문에 여자보다 성적 욕구를 강렬하게 느껴서 상대방의 감정이나 욕구를 잘 읽지 못하는 경우가 많다는 점도 알려주는 것이 좋습니다.

또 하나, 많은 부모님들이 사춘기 아들의 음란물 시청에 대해 고민하시는데요. 음란물 내용 대부분은 비현실적이고 가학적인 내용을 담고 있기 때문에 이를 통해 잘못된 성에 대한 지식과 인식을 갖게 됩니다. 또한 음란물에 자주 노출될 경우 기억력에도 손상을 입게 됩니다. 독일의 뒤스부르크-에센 대학교의 연구진에 따르면, 음란물에 자주 노출된 남성은 그렇지 않은 남성에 비해 기억력이 13% 정도 떨어진다는 점을 밝혀냈습니다. 막스플랑크 인간개발연구소에서도 마찬가지로 음란물에 자주 노출되는 사람일수록 뇌의 크기가 줄어들고 현명한 의사결정과 판단력이 관련되어 있는 전전두엽의 피질이 쪼그라든다고 합니다. 아들에게 이런 정보를 찬찬히 제공해주시는 것도 도움이 될 것이라 보입니다.

Q. 중학교 2학년에 다니는 아들을 둔 엄마입니다. 몇 달 전부터 아이 교복이 망가져서 들어오거나 방문을 잠그고 있는 시간이 많아서 '사춘기라서 저러나'라고 생각했었습니다. 그런데 한 달 전에 같은 반 친구 엄마에게 우리 아들이 몇 달 동안 괴롭힘을 당하고 있다는

이야기를 들었습니다. 정말 피가 거꾸로 솟는 것 같고 아이가 얼마나 힘들었을까 생각하니 마음이 너무 아팠습니다. 학폭위와 학교의 처분으로 가해자 아이들과는 일단 분리된 것처럼 보이는데, 아들의 심리적 상태가 괜찮을지 걱정이 됩니다. 아들은 자꾸 괜찮다고 하는데, 제가 어떻게 해야 좋을까요?

A. 학교폭력의 피해 학생이나 그 가족의 심정이 얼마나 힘들고 괴로울지 감히 말씀조차 드리기 어렵네요. 어머님의 마음도 많이 아프시겠지만, 폭력을 경험한 아들은 더욱 힘들었을 것입니다. 게다가 우리나라에서는 남자는 우는 행동이나 약한 모습을 보이는 것에 대해 허용적이지 않으니 하소연하기도 어려웠을 것이고요. 남성의 뇌가 가지는 특성상 자신의 감정 표현이 잘 하지 못했을 가능성도 높습니다.

아들이 자신의 마음을 표현하지 않는다고 해서 마음의 상처나 좌절을 느끼지 않는 것은 아닙니다. 부정적인 감정을 느끼지만 그것을 언어로 표현하지 못할 뿐이지요. 남성의 뇌는 여성의 뇌에 비해 좌뇌와 우뇌를 연결하는 뇌량이 좁고 발달이 천천히 이루어지기 때문에 좌·우뇌 간의 정보 교류가 활발하게 이루어지지 않는 경향이 있습니다. 우뇌에서 감정을 느끼거나 감정의 뉘앙스를 발견했을 때 좌뇌로 보내어 언어로 표현하게 되는데요, 아들의 경우 뇌량이 좁은 까닭에 자신의 감정을 언어로 드러내는 데에 시간이 걸리게 되는 것이지요. 그러나 앞에서 말씀드린 바와 같이 표현을 하지 않는다고 하여 감정을 느끼지 않는 것은 아닙니다. 오히려 이를 표현하지 못하기 때문에 부정적 감정을 표출하지 못한 채 더 쌓아둘 수 있는 것입니다. 그러다가 한순간에 폭발을 하게 되면 감정적으로 더욱 격한 반응을 하거나 자신을 향해 공격할 가능성도 있는 것입니다.

그렇다면 아픈 아들의 감정을 달래주는 방법은 무엇이 있을까요? 가장 먼저 어머니께서 '아들 감정의 통역사'가 되어주시면 좋을 것 같습니다. 예를 들어 "우리 아들, 누구에게 속 털어놓지도 못하고 얼마나 억울하고 화났을까, 무섭기도 했을 것이고. 엄마는 우리 아들의 마음 이해해. 정말 많이 힘들었지? 아픈 시간을 이렇게 견디어 낸 우리 아들이 대견하기도 하지만, 안쓰럽기도 해"라고 아들의 속마음을 대신 표현해주는 겁니다. 이렇게 평소에 아들이 표현하지 못하는 자신의 감정을 부모님께서 대신 통역해준다면 마음의 안정을 찾는 데 도움이 될 것입니다. 또한 아들이 부모님을 통해 도움을 받을 수 있고 지지와 격려를 받을 수 있다는 생각을 통해서 점차 마음의 상처를 극복할 수 있을 것입니다.

아들의 뇌

초판 1쇄 발행 2021년 9월 27일
초판 20쇄 발행 2024년 6월 14일

지은이 곽윤정
펴낸이 김선준

편집이사 서선행
기획편집 임나리 **편집1팀** 이주영
디자인 김세민
마케팅팀 권두리, 이진규, 신동빈
홍보팀 조아란, 장태수, 이은정, 권희, 유준상, 박미정, 박지훈
경영지원 송현주, 권송이

펴낸곳 (주)콘텐츠그룹 포레스트 **출판등록** 2021년 4월 16일 제2021-000079호
주소 서울시 영등포구 여의대로 108 파크원타워1 28층
전화 02) 332-5855 **팩스** 070) 4170-4865
홈페이지 www.forestbooks.co.kr
종이 (주)월드페이퍼 **인쇄** 더블비 **제본** 책공감

ISBN 979-11-91347-45-6 (03590)

㈜콘텐츠그룹 포레스트는 독자 여러분의 책에 관한 아이디어와 원고 투고를 기다리고 있습니다. 책 출간을 원하시는 분은 이메일 writer@forestbooks.co.kr로 간단한 개요와 취지, 연락처 등을 보내주세요. '독자의 꿈이 이뤄지는 숲, 포레스트'에서 작가의 꿈을 이루세요.